へんな生き物ずかん

今泉忠明 監修　早川いくを 著

ほるぷ出版

もくじ

4　ずかんの見方
6　はじめに

7
第1章
この姿に理由あり

37
第2章
超高性能な生物

63
第3章
なんでそうなるの

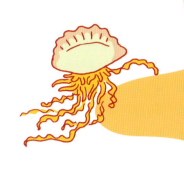

89

第 4 章
危ないやつら

107

第 5 章
ケンカか握手か

124 おわりに

● コラム ●

へんじゃない
生き物

36 生き物の姿かたちには理由がある

62 生き物は高い能力をもっている

88 モテたいか、身を守りたいか

106 探してみよう
身のまわりのへんな生き物

126 さくいん

ずかんの見方

この本は、広い空から、まっ暗な深海の底まで、この地球上にすむ、へんな（ちょっと変わった）生き物たち100種を楽しく紹介したずかんです。

和名
日本国内で標準的によばれる名前です

分類マーク
へんな生き物が含まれる生物グループを示しています（このページの下のほうを見てください）

メイン写真
へんな生き物の外見や特徴がわかりやすい写真を大きく掲載しています

生き物のデータ
分類 … 分類する上でのグループ（目・科）
分布 … すんでいる地域
環境 … すんでいる環境
食べ物 … おもに食べている物

分布図
へんな生き物のおおまかな分布を世界地図上に示しました

生き物の大きさ
種類によって大きさの示し方がちがいます（右ページの下のほうを見てください）

バットフィッシュ

もの言いたげな その口

● DATA
[分 類] アンコウ目アカグツ科
[分 布] 中央アメリカ周辺の海
[環 境] 海底
[食べ物] エビやカニ、貝など

分布　全長：約16cm

分類マークについて
このずかんでは、以下の16種類に分類しています。

ほ乳類
ネズミや
コウモリなど

鳥類

両生類
カエルや
イモリなど

魚類

昆虫

は虫類
ヤモリや
トカゲなど

甲かく類
エビや
カニなど

節足動物
クモなど（昆虫や甲かく類なども節足動物に含まれる）

尾索動物
ホヤなど

軟体動物
イカやタコなど

緩歩動物
クマムシなど

棘皮動物
ヒトデなど

海綿動物
カイメンなど

刺胞動物
クラゲなど

扁形動物
プラナリアなど

類線形動物
ハリガネムシなど

おもしろマンガもあるよ！

なんでそうなるの ③

生き物は、獲物を狩ったり、身を守るために、なにかしら特技や特徴をもっているものだ。でも、このバットフィッシュには、なにもない。固い歯も、スピードも、高度なセンサーも、擬態も、毒もない。なんにもない。ないなら。どうしてこれで生き残ってこられたのか、じつに不思議だ。ひれを足代わりにして、海底をのそのそとはい回って獲物を探している。泳ぎは、あまりうまくない。人間にも、わりと簡単に捕まっちゃったりもする。しかもこんなにヘンテコな姿かたち。この魚のなかまは、日本では「フウリュウウオ」とよばれている。弱肉強食の自然界で、風流なんて気取っていて、大丈夫？ そう聞いても、答えはない。こんなもの言いたげな口をしているくせに無言だ。なんでそうすましていられるんだ。なんでそうなるんだ。

とっても役に立ちません

バットフィッシュの額の部分には、カエルアンコウ（34〜35ページ）と同じ「エスカ」がある。これをたくみに振れば、小魚はわんさか寄ってきてそれをぱくっと……といいたいところだけど、このエスカ、つくりが雑でまったく機能しない。周りの魚もまったく無視。それもそのはず、これは彼らのご先祖が、アンコウのなかまだった頃の名残で、ついてはいるけど役に立たない器官。人間の盲腸みたいなもので、「痕跡器官」とよばれている。役に立たないくせに、きちんと収納だけはできるんだ。意味、ないよね。まったく、こんなので厳しい自然界をよく生きのびてきたものだ。本当にもう、なんでそうなるんだ。

とくい技は収納です

へんななかまたち
森のまっ赤な誘惑

「ホットリップ」とよばれる、メキシコからアルゼンチンにかけて生える熱帯林の低木の花は、まるで唇のように見える。バットフィッシュの唇と同じように目立つね。唇のように見えるのは、じつは葉が変化した苞葉で、本当の花はまん中に咲く小さな花だよ。ど派手に目立つことで昆虫を花に誘う効果があると考えられている。しつこいようだけど、なんでそうなるんだ。

65

章タイトル	1章から5章まであります
解説文	「へんないきもの」シリーズでおなじみの早川いくをさんによる、ちょっとへんな解説です
サブ情報	その生き物の、より詳しい情報を解説しています
まめ知識	へんな生き物にまつわるおもしろネタや、なかまのへんな生き物、同じようにへんなほかの生き物などを紹介しています。まめ知識がない場合や、サブ情報が2つの場合もあります

生き物の大きさについて

生き物の体のつくりはいろいろなので、大きさを示すものさしはいろいろあります。鳥の場合、体を伸ばした状態でくちばしの先から尾羽の先までの長さを**全長**と示しますし、ほ乳類は頭と胴体の長さを**体長**（頭胴長ともいう）、尾の長さを**尾長**と、2つに分けて示します。多くは全長か体長で示しますが、生き物の種類によってはちがうものさしになります。

* 傘径 … クラゲなどの傘の直径
* 外とう長 … イカやタコの胴体の長さ
* 甲長 … カニの甲らの幅
* 気泡体の大きさ … 一部のクラゲの浮き袋の大きさ

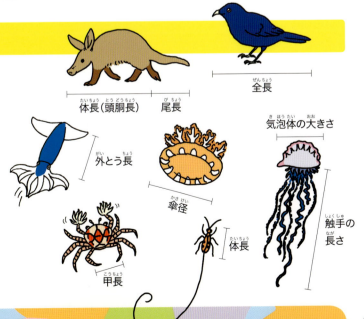

● はじめに ●

動物園や水族館に行ったこと、あるかい？
あそこにはどのくらいの種類の生き物がいると思う？
ひょっとして、世界中の生き物が集まってる、なんて思ってたりするのかな？
とんでもない。あそこにいるのは、世界中にいる生き物たちのなかの、ほんのひとにぎり、いや、ほんのひとつまみにすぎない。この地球上にいる生き物は、全部合わせると180万種以上もいると考えられているんだ。180万だよ、君。1種類を1秒で数えても、20日以上かかる計算だ。気が遠くなるね。

それだけの数の生き物がいるんだから、なかには見たことも聞いたこともない、本当にいるのかどうか怪しく思ってしまうような、へんな生き物もいる。
姿かたちだけの話じゃない。笑っちゃうような特技をもったやつ、信じられないような生き方をしているやつ、超能力みたいな力をもったやつ。じつにいろいろな生き物たちがいる。この本では、そういうへんな生き物ばかりをえりすぐってご紹介するよ。

ひと口に「生き物」といっても、海にすむもの、川にすむもの、木に登るもの、空を飛ぶもの、土の中にいるものもいれば、ほかの生き物の中にすむ生き物もいる。
ありとあらゆる場所に、ありとあらゆる生き物たちがくらしている。ぼくら人間はその中の1種に過ぎない。180万種以上いる生き物の中の1種だ。

ぼくらは毎日、毎日、いろんな人と会って、いろんな人を見ている。人間の社会にいて、人間の町にすんでいる。
だから、この世は人間の世界だって思いがちだけど、全然ちがうんだ。地球は生き物たちがすむ、生き物たちの星。ぼくたちが知らない、見たことも聞いたこともないような生き物がいるのも当たり前だ。どういう風に生きているのかさっぱりわからない生き物や、そもそもまだ見つかっていない生き物もたくさんいるんだ。
この本を読むと、ぼくらは、そんな不思議な生き物たちがたくさんいる、不思議な星に生まれたことがわかってくると思う。

用意はいいかい？
じゃあ、ページをめくって飛びこんでみよう。
へんな生き物たちの世界へ！

早川いくを

第 1 章

この姿に理由あり

平べったいやつ、長いやつ。
ネバネバするやつ、笑うやつ。
あきれ返るよ、この姿！
けれどもどうか、きいてくれ。
こんな姿にゃワケがある。

ほ乳類

アイアイ

悪魔使いのおさるさん

DATA
- [分類] 霊長目アイアイ科
- [分布] マダガスカル（固有種）
- [環境] 多雨林（雨の多い森林）の木の上
- [食べ物] 昆虫や木の実

分布

体長：約40cm　尾長：約40cm

この姿に理由あり 1

ア〜イアイ♪ ア〜イアイ♪ おさ〜るさ〜んだよ〜♪って歌、みんな知ってるよね。とってもかわいらしい歌だよね。で、これがそのアイアイさ。うん、こわいね。歌とぜんぜんちがうね。ちがいすぎるじゃないか！ 毛むくじゃらで大きな円い耳、ぎょろりとした黄色い目……。「ハリー・ポッター」とかに出てきて呪いをかけそうだね。別名「悪魔の使い」ともいわれていて、うっかり見つめられると、長く伸びたかぎ爪で引き裂かれる、なんていう伝説もあるくらいなんだ。塾の帰りに、夜道でこんなのに出くわしたら、泣くね。アイアイは、たしかに歌のとおり「おさるさん」だけど、とても原始的なサルのなかまなんだ。夜に行動する「夜行性」だよ。暗い夜、木の上を音もなく移動して、木の実や昆虫を捕まえてむさぼり食うんだ。いったい全体、こんな不気味な動物から、どうしてあんなのんきな歌ができたんだろうね？

「悪魔の爪」の機能

アイアイの指は、1本だけすごく長く伸びていて、先が鋭いかぎ爪になっている。これを木の穴につっこんで、イモムシを引きずり出して食べるんだ。イモムシをうまく捕まえるために、何百万年もかけて、こんな形に進化したんだよ。アイアイはこの指を木の皮にトントントントン……と打ちつける。イモムシが木の中にいると音がちがう。アイアイはその微妙な音のちがいを、レーダーみたいな大きな耳で聴き分けて、イモムシを探しあてるんだ。お医者さんの打診とまったく同じ原理だよ。こんな顔してすごい能力だね！ 見つかってしまったイモムシは災難だね。

1本の指がとくに長い

アイアイが昆虫を食べるために掘った木の穴

魚類

ヌタウナギ

死体を食べるウナギ

DATA
- [分類] ヌタウナギ目ヌタウナギ科
- [分布] 太平洋〜大西洋〜インド洋
- [環境] 水深20〜300mの海底
- [食べ物] クジラや魚の死がい

分布

全長：最大60cm

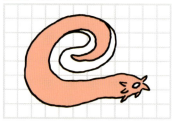

この姿に理由あり

動物の死がいなんて、さわるのいやだよね。でもそれを専門に食べる生き物もいるんだ。ヌタウナギは、海底に落ちてきた魚や動物の死がいを食べる生き物だ。クジラや大きな魚の死がいが海底に落ちてくると集まってくる。そして口やお尻の穴からずるずると入り込んで、その肉をすっかり食べてしまうんだ。「ウナギ」とよばれるけど、うな重のウナギとは赤の他人。それどころか、目もない。あごもない。歯もない。そもそも魚ともいえない、変わった生き物だ。歯がないのにどうやって肉を食べるかって？ 舌の上に鋭いイボイボがあって、こいつで肉をこそげとるんだ。海で死んでもこいつにだけは食われたくないね。でも、自分で獲物を見つけたり、戦ったりする必要がないってことは、楽ちんな生き方ともいえる。彼らはそういう道を選んだんだ。こういう、それぞれの生き物独自の生き方を「生存戦略」っていうんだよ。

超強力な武器「ヌタ」

ヌタウナギの「ヌタ」っていうのはネバネバした粘液のことだ。ヌタウナギは体から粘液成分を出し、周囲の海水をネバネバの状態にしてしまう。そしてこれがまた強力だ。ヌタウナギをバケツに入れておくと、バケツの水全部が接着剤みたいになるほどなんだよ。ヌタウナギを食べようとしたサメなんかが、この粘液を食らうと、えらに詰まって呼吸ができなくなってしまう。ヌタは武器にもなるんだ。底引き網に入ってしまうと、この強力なヌタで舟や道具をダメにしてしまうから、漁師のおじさんからはすごく嫌われてるんだ。嫌わないで、って思うけど、こりゃ仕方ないよな。

武器にもなるネバネバ「ヌタ」

へんなニュース
アメリカで起きたネバネバ交通事故

2017年7月、アメリカのオレゴン州で奇妙な交通事故が起きた。高速道路で車が大量のネバネバ粘液に覆われ、身動きがとれなくなってしまったんだ。道路は渋滞し、たいへんな騒ぎとなった。食用のヌタウナギを運んでいたトラックが横転、ヌタウナギが高速道路上に散乱し、大量のヌタがぶちまけられたのが原因だ。ヌタを取りのぞくのはきわめて困難で、最終的にはブルドーザーが出動して片付けたそうだ。ヌタをなめるなって話だね。

甲かく類

ダイオウグソクムシ

死体を食べる大王様

DATA
[分　類] 等脚目スナホリムシ科
[分　布] メキシコ湾〜北大西洋の一部
[環　境] 深海の海底
[食べ物] 動物や魚の死がい

分布

体長：20〜50cm
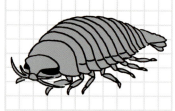

この姿に理由あり

全身を装甲板でおおわれた、戦闘メカみたいな姿かたち。このまんまハリウッドのSF映画に出演できそうだね。そして巨大だ。体長はなんと50センチにも達する。でかすぎる！　深海にいるからいいようなものの、こんな巨大ダンゴムシみたいなのが庭にいたらお母さんは気絶だね。顔つきもまるでロボットみたいで、冷酷に獲物を捕らえてむさぼり食いそうな気がするよ。こんな頑丈そうなボディなら、サメとも互角に戦えそうだ。きっと海底で強敵と戦って獲物を倒し、その肉を引き裂くんだ！……なんて思っていたら、じつはダイオウグソクムシもまた、ヌタウナギ（10〜11ページ）と同じように、魚や動物の死がいを食べる海の掃除屋さんなんだ。いやどうもご苦労さまです……って、こんな強そうな掃除屋がいるのか！

何年間も食を断つ

深海では、動物の死がいなんてそうそう出会えるものじゃない。だからダイオウグソクムシは、長いこと食物を食べなくても大丈夫なように、飢えにとても強くできているらしい。いくら腹が減っても文句もいわず、ただじっと待ち続けることができるんだ。ある水族館で飼育されていたダイオウグソクムシは、6年間も絶食し続けて死んだことで話題になった。6年間も飲まず食わずって想像できるかい？　まるでインドの行者だね。そんなに食べずにどうして生きていられたのかわからないし、エサをあげようとしても食べなかった理由も不明だ。

「スカベンジャー」ってなに？

死がいを食べる動物を腐肉食動物（スカベンジャー）というんだ。彼らは放っておけば分解に時間がかかる肉を食べて細かくし、環境を浄化させる役割をになっている。陸上でも、動物が死ぬといろいろな動物や昆虫がその肉を食べ、微生物や細菌が分解し、土に還していく。動植物が生きていく上で、これはとても大切なことなんだ。こういう生き物がいないと、自然はうまくまわらない。スカベンジャーはなくてはならない存在なんだ。

ほかのスカベンジャーのみなさん

モグラの死がいを食べるシデムシ類

ウシの死がいを食べるキンイロジャッカル

両生類（りょうせいるい）

コモリガエル

平（ひら）べったいお母（かあ）さん

DATA
- [分類] カエル目ピパ科
- [分布] 南アメリカ北部
- [環境] 川の中
- [食べ物] 魚や水生昆虫

分布

体長：10～17cm

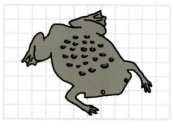

この姿に理由あり 1

君たちは日ごろお母さんに感謝しているかな？動物のなかにも、とても大切に子どもを育てるお母さんがいるよ。それがこのコモリガエルだ。カエルはふつう卵を産んだらそれっきりだけど、コモリガエルはちがう。背中に卵をたくさん乗せて、子どもたちが産まれるまで大事に育てるんだ。おおぜいの子どもたちを同時におんぶしているようなものだね。背中には「育児のう」といわれる小さな部屋がたくさんあって、1つの部屋に1つの卵が入っている。これがずらりと背中に並ぶ。つまりお母さんの背中は、天然の保育器のようなものだ。ぱっと見た感じはタコヤキ器だけどね。なぜこんなことをするんだろう。カエルの卵や子どもたちを食べてやろうとねらう生き物はたくさんいる。こういう生き物を「天敵」という。子どもたちはなるべく大きく育ってから巣立った方が、天敵にねらわれにくくなる。だからコモリガエルのお母さんは、天敵から子どもたちを守るため、子どもたちが一人立ちするまで大切に育てるんだ。

お母さんは鬼

でも、そんなやさしいお母さんでもやるときはやるよ。こう見えてもコモリガエルは狩猟者、つまり殺し屋さ。コモリガエルの体は地味な色で平べったい体、ぱっと見ると水の底に沈んだ枯れ葉みたいだろ？ コモリガエルはこうやって枯れ葉に化けて、じっとしている。そして目の前に小魚なんかが近づくと、ぱっくんちょ！ 稲妻のような速さで、前脚で水ごと魚を口にかきこんでしまう。コモリガエルが常に「バンザイ」みたいなかっこうをしているのは笑っちゃうけど、効率よく獲物を仕とめるためだ。守るによし、攻めるによしなのさ。

身を守るのにもいいわよ

アクロバット産卵

だけど、コモリガエルはどうやって卵を背中に背負うのだろう？ コモリガエルのお母さんは、ほかのカエルと同じように、ふつうに水中で卵を産む。でも、なんと宙返りして産むんだ。そして、お父さんがお腹で卵を受け止め、お母さんの背中に押しつけて、埋めこむんだ。器用すぎる。

尾索動物

オオグチボヤ

まっ暗やみで大爆笑

©環境水族館 アクアマリンふくしま

DATA
[分類] マメボヤ目オオグチボヤ科
[分布] 全世界の海
[環境] 深海の岩の上など
[食べ物] プランクトン

分布

体長：10〜20cm

うなだれるやつ、大笑いするやつ、お前らいったいなんなんだ。このふざけた形の生き物は、深海性のホヤの一種だ。ホヤっていうのは、海中にすむ生き物だ。岩にくっついたままじっとして動かないし、目も鼻も口もない。植物みたいに思われることもあるけど、れっきとした動物だよ。球根みたいな形のもの、ボールみたいなもの、おおぜいが集まって群体となっているものなど、いろいろなタイプがある。オオグチボヤはそのホヤのなかまで、深海にすんでいる。まっ暗やみの、凍りそうな冷たい海の底で無言でいつも大笑いしているが、別におもしろいことはなんにもない。生きるためにこんな大口を開けているんだ。

2つの穴の秘密

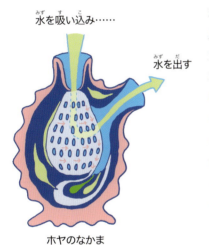

ホヤのなかま

ホヤのなかまには2つの穴があいている。片方の穴から水を吸い込み、もう片方の穴から水を出す。そして水中に漂う、小さな藻の破片などを栄養分として、体内でこしとって生きているんだ。空気清浄機みたいだね。オオグチボヤも基本的には同じ体のつくりなんだけど、なにしろ彼らは深海にすんでいる。深海はまっ暗やみで食物も極端に少ない。そこで水を取り入れる穴を極端にでかくして、どんな食物でも逃さず吸い込めるように進化したんだ。それだけでなく、食物を感知すると、その穴がぱっくん！と閉じてしまうんだよ。まるで食虫植物だね。閉じるというより、でっかい口で獲物を「ぱっくん！」と食べているように見える。

水を吸い込む穴がデカイ！

オオグチボヤ

肉食性のホヤ

オオグチボヤは、ふつうのホヤのように水を吸い込んでいるわけじゃない。つねに大口を開けて食物がくるのをまちかまえている。だから近くにくるものはなんでも口にいれてしまう。プランクトンや小さなエビなども食べてしまうから、ホヤのなかでも肉食性ホヤといわれている。つまり立派なハンターなんだ。こんなふざけたかっこうのハンターがいるか！と思うかもしれないけど、本当にいるんだから仕方ないだろ。

魚類

フクロウナギ

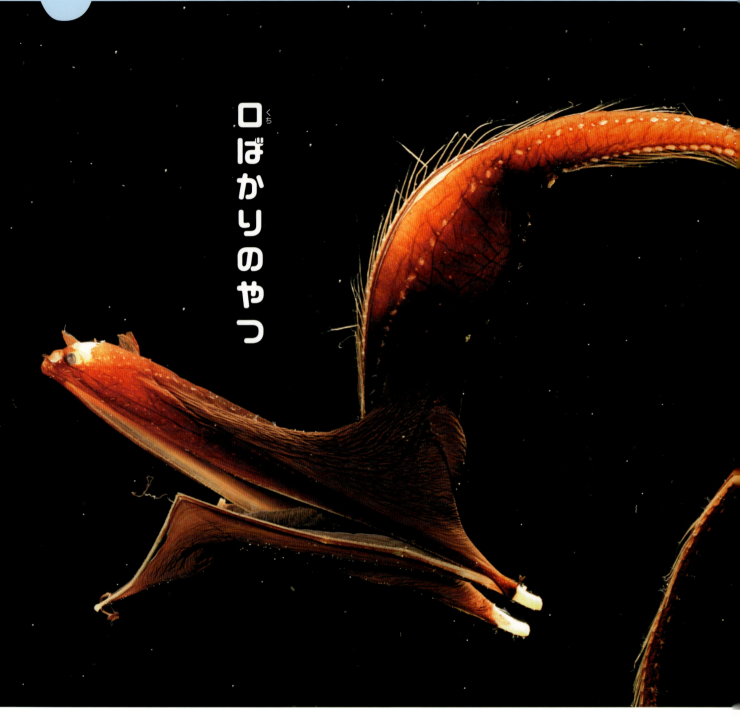

口ばかりのやつ

DATA
[分類] フウセンウナギ目フクロウナギ科
[分布] 全世界のあたたかい海
[環境] 500〜3,000mの深海
[食べ物] 小型の魚やプランクトン

分布

全長：最大100cm

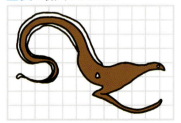

この姿に理由あり

口先だけのやつっているんだよね。大人の世界もそんなのばっかりさ。しかしこの生き物は、本当の意味で口ばかりだ。なにしろ、顔より口がでかいんだ。それどころか、体よりもでかい。口に申し訳ていどの体がくっついている、といったほうがいいかもしれない。メインは口。主役は口。とにかく口。こんな生き物ありえないだろ、って思うけど、実際にいるんだ。この口は、獲物を効率よく捕らえるためにある。

口がでかい、といったけど、「あごがでかい」といったほうが正確だ。フクロウナギは、あごを外すようにして口を大きく開けながら泳ぎ、小さな魚や甲かく類を海水ごと飲む。そして獲物が口の中に入ると、口を閉じて海水だけを出す。つまり口が自動式の捕虫網みたいになってるってことだ。一見ふざけた姿だけど、じつは合理的なんだね。一瞬感心したけど、やっぱりふざけた姿だね。

尾びれのなぞ

フクロウナギの尾びれの先は、光ることがわかっている。これがなんのためかはわかっていない。だけど、ひょっとしたらこれで魚などを誘っているのではないか、とも考えられている。もしそうだとしたら、光で誘って大口で捕らえる、という芸当をやっていることになるね。

出会いは大切に

深海には、太陽の光が届かない。そのため昼間でもまっ暗やみで、水は凍りつくように冷たい。だから、獲物となる生き物もとても少ない。多くの深海魚にとって、ほかの生き物はなかまではなく獲物ってことだ。出会いが少ないのだから、とにかくなんでも見つけたら食べたい。だから深海魚の多くは、出会った獲物を、逃さず仕とめられるような形に進化していったんだ。フクロウナギのこの、ばかでかい口も、獲物を確実に捕まえられるように進化したんだね。こんな姿になるまでにどのくらいの歳月が必要だったか、想像できるかな?

頭から伸びている発光器で獲物をおびきよせ、大きな口で一気に捕らえる。

口がでかい深海魚のみなさん

チョウチンアンコウのなかま

ホウライエソ

大きな口と鋭いきばで、出会った獲物を確実に捕らえて逃がさない。

魚類

デメニギス

操縦席のある魚!?

©MBARI

DATA
- [分類] ニギス目デメニギス科
- [分布] 北太平洋
- [環境] 深海
- [食べ物] 魚やクラゲなど

分布

全長:約15cm

この姿に理由あり

頭が透明な魚だ。まるでレーシングカーや戦闘機のコックピット（操縦席）みたい。いったいどうなってんの？　この魚はサイボーグなの？ デメニギスも、フクロウナギ（18～19ページ）と同じ深海魚のなかまだけど、こんなタイプの深海魚は今まで発見されたことはなかったので、見つかった時はみんなびっくりした。頭が透明だなんて、それだけでも驚きなのに、さらにびっくりの能力がそこにはあったんだ。デメニギスの顔の前方にある、目に見えるような部分は、じつはにおいなどを感じる感覚器官と考えられている。では本当の目は？　頭部の、操縦席みたいな部分に2つの玉がある。宝石が2つ並べてあるようだけど、じつはこれが目だ。ええ？　これが目だって？　あまりに位置がへんなので、目だといわれても困るね。それに、これだと目が上の方を向いてしまってるじゃないか。

玉じゃなくて目玉

デメニギスの目は、ただの玉が2つのってるように見える。以前は上を見ることしかできないのだと考えられていたけど、MBARI（モントレー湾水族館研究所）の研究によって、さまざまな方向に大きく動かせることがわかったんだ。最大で75°も動かせるという。ふだんは上のほうを見ているが、獲物を見つけるとそれに合わせて目を動かし、ねらいを定めてぱくっ！　わずかな明暗を感知して追尾する目。まるでレーダーみたいだね。

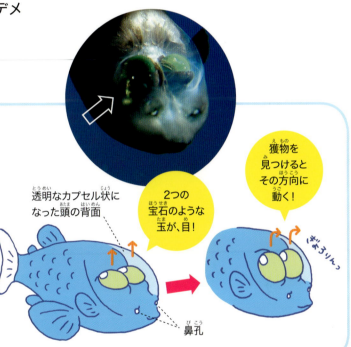

透明なカプセル状になった頭の背面
2つの宝石のような玉が、目！
獲物を見つけるとその方向に動く！
鼻孔

へんなつながり

影を消して身を守る生き物

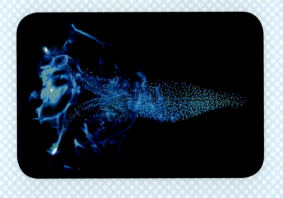

水面の明るさを背景にすると、生き物は影になる。デメニギスはこの影を手がかりにして獲物を見つけるので、ふだん目が上を向いているんだね。この影を消して身を守る生き物もいる。発光器をもつイカなどの生き物だ。ホタルイカの体には1000個もの発光器があり、日中は発光することで自分の影を消し、夜間は発光せず、闇にとけ込んで身を守っている。

昆虫

キリンクビナガオトシブミ

建設機械じゃありません

DATA
- [分類] 甲虫目オトシブミ科
- [分布] マダガスカル(固有種)
- [環境] 森林
- [食べ物] ノボタン科の植物の葉

分布

体長：約2.5cm

この姿に理由あり

「オトシブミ」っていう昆虫を知ってるかな。オトシブミのなかまは、葉っぱを切ってきれいに巻いて、葉っぱの「小包」をつくる。この小包は「ゆりかご」とよばれ、中には卵が産みつけられている。産まれた幼虫はゆりかごに守られながら、まわりの葉を食べて育つ。キリンクビナガオトシブミも、そのオトシブミのなかま。同じように葉っぱを丸めてゆりかごをつくるよ。アイアイ（8〜9ページ）と同じ、マダガスカル島だけにすむ固有種だ。とてもオスの首が長いのが特徴で、昆虫のなかでもっとも首が長いんだ。まるでクレーンかはしご車みたいだね。だけどこの首は人助けのために長いんじゃない。これはオス同士が争う武器なんだ。ちなみにメスは、オスほど首が長くない（写真左：メス、右：オス）。

匠の技

「ゆりかごをつくる」と簡単に書いたけど、ちょっと想像してみてほしい。オトシブミからしたら、葉っぱはものすごく大きい。しかも丈夫で弾力があって扱いにくい。しかし彼らはこれを、ベテランの裁縫師のように、きれいに巻きあげてしまう。道具もなにもなしで、だ。これには強い力とたくみな技術が必要で、もはや匠の技ともいえるかもね。ゆりかごをつくるのはメスの仕事で、木にぶら下げたままの場合と、切り落として地面に転がす場合がある。

昔の人が地面に落として受け渡した秘密の手紙を「落とし文」という

葉のつけ根に近い位置を半分切り、2つ折りにたたみ、巻いていく。

戦う裁縫師

本当は首じゃないよ

オスの長い首は、メスをめぐってほかのオスと争うための武器だ。長い首を剣のように振り回し、キリンのように互いにぶつけ合うのかと思いきや、じつはとても平和的な争い方をする。オス同士が出会うと、うなずき合うような動きをし、お互いの首の長さを見比べる。自分の首のほうが短いと思ったほうがその場から逃げて勝負ありだ。ちなみにさんざん「首」って書いてきたけど、正確には長く伸びた頭と頭胸部が、ちょうつがいでつながっているような構造だ。

両生類（りょうせいるい）

グラスフロッグ

透明（とうめい）っていうか
中身（なかみ）が丸見（まるみ）え

DATA
- [分類（ぶんるい）] カエル目アマガエルモドキ科（か）
- [分布（ぶんぷ）] 中央（ちゅうおう）〜南（みなみ）アメリカ北部（ほくぶ）
- [環境（かんきょう）] 多雨林（たうりん）（雨（あめ）の多（おお）い森林（しんりん））の木（き）の上（うえ）
- [食（た）べ物（もの）] 昆虫（こんちゅう）など

分布（ぶんぷ）

体長（たいちょう）：19〜32mm

24

この姿に理由あり

透明人間になりたい、なんて思ったことはあるかな？ あるよね。透明人間になってやってみたいこと、いろいろあるよね、うん。生き物のなかにも、透明なものがいる。理由は簡単、そのほうが天敵に見つかりにくく、身を守れるからだ。透明な魚や透明なエビなど、透明な生き物はいろいろいるけれど、なんとカエルにも透明なのがいるんだ。それがこのグラスフロッグ。日本語でいうと「ガラスのカエル」って意味だよ。本当に透明でどこにいるかわからない……って書きたいんだけど、ちょっとこれ、バレバレだよ！ 内臓も丸見えだよ！ 心臓が動き、血管の中を血液が流れるようすや肺の動きまでしっかり見え、ほかの臓器が白い膜に包まれているようすもよく見える。見えすぎちゃって困るぞ。かえって目立つ気もするぞ。

中途半端なようだけど

このカエルの透明化は、なんだか中途半端で、おせじにも「見えない」とはいえない。こんなのでいいのか。修行が足りないんじゃないか？ でも、これはこれでちゃんと効果があると考えられている。グラスフロッグは夜にしか行動しない夜行性で、日中は植物の葉の裏に隠れて休んでいるんだけど、この地域は日射しが強く、ふつう影が見えてしまう。でも、グラスフロッグは体が半透明なので、影がうすくなり、天敵に見つかりにくいんだ。

影がうすくてもいいんです

へんななかまたち
世界の美しい透明な生き物

ツマジロスカシマダラ

グラスキャットフィッシュ

この世界には透明な生き物がほかにもたくさんいる。それは、身を守るためのひとつの方法で、進化した結果なんだ。グラスフロッグも、今はこんなだけれど、あと100万年もすればもうどこにいるかわからないほど透明になるかもしれないね。生物の進化はもう終わったわけじゃない。現在も進行中なんだ。

昆虫

アリカツギツノゼミ

一生アリを背負って生きる

DATA
[分類] カメムシ目ツノゼミ科
[分布] 中央〜南アメリカ
[環境] 熱帯雨林
[食べ物] 植物のしる

分布

体長：約5mm

この姿に理由あり

ツノゼミのなかまは、どいつもこいつもおかしな形をしたものばかりだ。ここまでヘンテコな昆虫はほかにいない。どうしてここまでへんなのか。その理由はあまりよくわかっていない。そんなツノゼミのなかでも、こいつはとくに変わっている。いったいこれはなんだ？ なんだかわからない、黒い角やでこぼこが体から生えているじゃないか。そう思ってよく見ると、なんだか別の生き物に見えてきた。これは……そう、アリだ！ アリカツギツノゼミは、アリに似た姿で身を守っていると考えられているんだ。それもあごを開き、戦闘態勢に入っているアリだ。芸が細かいねえ。これなら天敵も「げ、アリが怒ってる！」と思って退散するかも。生き物にとって、アリは厄介な相手だからだ。かむし、毒を出すし、集団でたかってくるし、みんなあまり関わりたくないんだ。このように、生き物がなにかに似た姿になることを、「擬態」という。

ありえない姿かたち

それにしても、ツノゼミのなかまは本当におかしな姿かたちのものばかりだ。アリカツギツノゼミやトゲツノゼミは、こんな形である理由がむしろわかりやすいほうで、ツノゼミのなかまにはどうしてこんな姿なのか、いまだにわからないものも多い。

トゲツノゼミのなかま。植物のとげに擬態していると考えられている

ぼくたちはとげですとげなんです

植物にたくさん集まると、とげに見える。これはわかりやすい擬態だ

へんななかまたち
アリに擬態したクモ

クモ

アリ

©須黒達巳

アリカツギツノゼミと同じようにアリに擬態しているクモがいる。アリグモだ。そのまんまの名前だね。アリグモは、網を張らずに歩き回って獲物を探し、飛びついて捕食するハエトリグモのなかまだ。昆虫であるアリの足が6本なのに対し、アリグモはクモなので足が8本ある。でも、前足を上げて動かすのがあたかも触角のようで、6本足に見えるんだ！ また、クモの体は頭胸部と腹の2つの部分からなるけど、アリグモの頭胸部はくびれていて、アリ（昆虫）の体のように頭、胸、腹の3つの部分に分かれているように見えるんだ。（写真上：アリグモ、下：クロオオアリ）

昆虫

ハナカマキリ

花に潜むわな

DATA
- [分類] カマキリ目ハナカマキリ科
- [分布] マレーシア、インドネシア
- [環境] 熱帯雨林
- [食べ物] 昆虫

分布

体長：約5.5cm

この姿に理由あり

なんて美しいカマキリなんだ。色もきれいだし、形も優美だね。でもカマキリだから、ほかの虫を捕って食らうことには変わりがない。ではどうして、こんなに美しい姿をしているんだろう。じつはハナカマキリは花にそっくりで、油断している獲物をねらうんだ。だから花に似た色や形をしている。「きれいなバラにはトゲがある」っていうことわざを知ってるかな。そのことわざのとおりさ。「擬態」は、身を守るためだけにあるんじゃない。狩りのために役立つ場合もある。身を隠して獲物をだますんだね。なるほど、花には蜜を求めていろいろな虫がくるから、花にそっくりというのは好都合だ。でもこの技は、たんに花に似ている、っていうだけの単純なものじゃないんだ。そんな甘いもんじゃないんだ。

光のわな

「紫外線」という種類の光がある。ヒトの目には見えない光だ。昆虫にはこの紫外線を見ることができるものがいる。花のなかには紫外線を反射したり、吸収したりするものもあり、昆虫に対して蜜のありかを示しているといわれる。つまり、ヒトの目と昆虫の目では同じ花がちがって見えるんだ。ハナカマキリの体も紫外線をとおしてみると、花と同じように見えるという。昆虫には、花とハナカマキリの区別はつかないんだ。花だと思って近づくと、そこにはハナカマキリが待ち構えてるってわけだ。さらに、ハナカマキリは昆虫をおびき寄せるにおいも出しているのではないかと考えられている。たんに花に似ている、というだけじゃない、二重、三重のわなを仕掛けているんだ。

身のまわりにも咲いているよ

カタバミの花。ヒトの目には黄色い花に見える

同じ花を紫外線撮影した写真。ヒトの目には見えない模様が現れ、蜜のありかを示しているという。昆虫の多くはこのサインが見える

へんななかまたち

昆虫をだます植物

←メスに似ている

花の左下の部分がコツチバチのメスに似ている。オスが抱きつくと、花は○の部分を軸にしてちょうつがいのように動く

おしべとめしべにハチの体が当たり、花粉を受粉する

西オーストラリアに生えるハンマーオーキッドの花は、なんと昆虫に擬態している。花の形がコツチバチというハチのなかまのメスに似ていて、メスのにおいまで出すので、コツチバチのオスはすっかりだまされて花に抱きつく。すると花は花粉を受粉することができるんだ。サギ師みたいな植物だ。

ほ乳類

オオミミトビネズミ

姿かたちが名前のまんま

DATA
- [分類] ネズミ目トビネズミ科
- [分布] 中国、モンゴル
- [環境] 砂漠地帯
- [食べ物] 昆虫

分布

体長：7〜10.7cm
尾長：15〜18cm

この姿に理由あり

主人公の周りにマスコットみたいな小動物が飛んでたりするアニメって、なぜかいっぱいあるね。オオミミトビネズミは、そんなアニメに出てくるキャラクターみたいだ。まるでウサギとリスとバッタをかけあわせたオモチャみたいで、なんだか人工的にかわいくしたみたいにも見える。本当にこんな動物いるの？ぬいぐるみじゃないの？ そう思うのも無理はない。なにしろオオミミトビネズミがすむのは、中国奥地とモンゴルの砂漠のみ。さらに夜行性ということもあり、ごく最近まで、生きている姿は確認されていなかったんだ。オオミミトビネズミの姿が確認されたのは、2007年。あるイギリスの研究者が撮影に成功したことで、初めて世に知られることとなった。しかし写真や映像でよく見ても、なんだか作り物みたいな感じだ。この耳の大きさときたら、空を飛べそうなほどじゃないか。

耳がここまで大きい理由

オオミミトビネズミのこの大きすぎる耳は、彼らの天敵、フクロウなどのわずかな羽ばたきの音もレーダーのようにとらえる。そしてこの耳は狩りにも使われる。小さな虫の羽音も聴き逃さず、その位置を特定すると、素早く飛び跳ねていって、ねらいがわず食いつく。この大きな耳は攻め、守り、両方に有効なんだ。

砂で会話？

オオミミトビネズミは、「砂浴び」をすることで知られる。砂地に穴を掘って、そこでぱっぱっぱっと砂を蹴り上げるんだ。砂のお風呂？ いや、これは砂を蹴る振動で、なかまとなんらかのコミュニケーションをとっているんじゃないかといわれているんだ。夜行性の彼らは、視覚よりも、音や振動などの感覚をたよりにしているんだね。

ほ乳類

ツチブタ

アフリカーのおくびょう者

DATA
- [分類] ツチブタ目ツチブタ科
- [分布] アフリカ中南部（サハラ砂漠より南）
- [環境] ひらけた林、草原
- [食べ物] シロアリ、アリのなかま

分布

体長：105～130cm
尾長：45～63cm

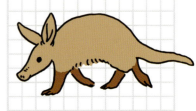

この姿に理由あり

これまたなんだか不自然な外見だ。ブタとウサギとカンガルーを足して割ったような姿をしている。「ブタ」と名がつくからブタの親戚かと思いきや、なんの関係もない。土の中に穴を掘ってすんでいるけど、たいへんなおくびょう者で、ちょっとでも身の危険を感じると、とんでもないスピードで穴を掘って隠れる。おかげでアフリカの大地は穴だらけだ。夜行性で、日が暮れると活動を始める。活動っていったいなにをするの？ もちろん、お食事だ。食べ物は、おもにシロアリ。ツチブタは夜にアリ塚（アリやシロアリの巣）を探して歩き回る。塚は、大きいものでは高さ何メートルにもおよぶ巨大なタワー、シロアリたちが土を盛って建設した巣だ。ツチブタは、かぎ爪でアリ塚をぶちこわし、ガブリとかみつくのかと思えば、長い舌でシロアリを地道にぺろぺろとなめとるんだ。おくびょう者だけど、シロアリにとっちゃ怪獣だ。

シロアリの専門家

ツチブタの口はシロアリ食専用に進化した、特別の器官だ。あごは開きもせず、ただおちょぼ口から長い舌が出てくるだけ。でもシロアリをなめとるだけなんだから、これでいいんだ。ある程度食べると、食べるのをやめて別のアリ塚に向かう。1カ所ですべて食べつくしてしまい、その巣のシロアリを全滅させてしまうと、食いっぱぐれてしまうことをよく知っているんだろうね。

これがアリ塚

逃げるが勝ち

掘って掘ってまた掘って

ツチブタの耳はすごく敏感だ。ちょっとでも怪しい物音を聴きとれば、掘削ドリルみたいな勢いで穴を掘って隠れてしまう。この穴は一時的なものなので、あとはほったらかし。だからツチブタの掘った穴を、ちゃっかりとほかの動物がすみかにしていたりもするよ。ツチブタは、いろんな動物にタダでアパートを提供しているともいえる。なんていい大家なんだ。

33

魚類

カエルアンコウ

化けて
歩いて
釣る魚

DATA
- [分類] アンコウ目カエルアンコウ科
- [分布] 全世界のあたたかい海
- [環境] 浅い海の底
- [食べ物] 小型の甲かく類や魚

分布

全長：約20cm

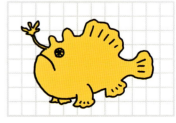

この姿に理由あり

水中に、なにかひらひらしたものが舞っている。おいしそうなエサだな。よし食べてやれ。小魚が近づくと、あッ！ 次の瞬間にはもう小魚の姿はどこにもない。そしてサンゴ礁の間から、奇妙な顔が突然現れると、ゆうゆうと去ってゆく。小魚はこの奇妙な顔の魚に食われてしまったんだ。この魚の正体は、カエルアンコウ。「歩く魚」として知られている。魚のくせに泳ぎがへたで、ひれを使って海底を歩き回る。でもその歩き方ときたら、のろまで、不器用で、まったくたよりない。こんなにどんくさくって、お前大丈夫かい？ ちゃんと獲物を捕れるのかい？ だが、心配ご無用。カエルアンコウは、ニセモノのエサで魚をおびきよせて捕らえることができる。そう、魚のくせに釣りをするんだ。

魚の釣り師

カエルアンコウの額には「釣り竿」がついている。細長い竿の先にはエサ。もちろんこれはニセモノだ。この「釣り竿」を「エスカ」という。カエルアンコウはエスカをひらひらと振る。小魚にはこれがエサになる小さな生き物に見えるんだ。だまされた小魚がそれを食べようと近づくと、カエルアンコウは稲妻のような素早さで、小魚を飲み込んでしまう。大きな口を開けて、水と一緒に小魚を吸い込んで、余った水はえらから出してしまう。まるで掃除機のようだね。でも、いくらエサをひらひらさせたって、こんなおかしな魚が目の前にいることに、どうして小魚は気づかないんだろう？

「エスカ」をひらひらさせるとうまそうな獲物に見える

おや、うまそうだ食ってやれ

と、思ったら逆に食われました

化ける釣り師

カエルアンコウには、さまざまな色や形のものがいる。こいつが海藻やサンゴ礁の間にはいりこむと、背景にまぎれて姿がほとんど見えなくなってしまう。つまり獲物をだまして釣りをするわけだ。こうして自分自身の姿を隠し、敵から身を守ったり、獲物をだましたりすることを「擬態」という。君がもし小魚だったら、カエルアンコウの擬態を見破れるかな？ 見破れなければ、食われるぞ。

● コラム ● へんじゃない生き物

生き物の姿かたちには理由がある

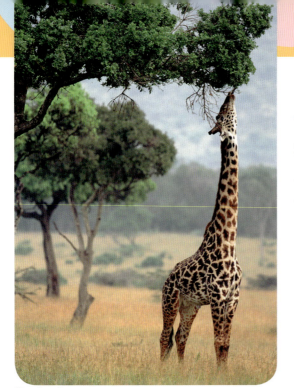
高い木の葉を食べることができる

足を大きく開いて頭を下げ、水を飲む

オス同士のネッキング

　キリンの首は「へん」といっていいほど、とても長いですが、なぜでしょう？

　ほかの生き物が届かない、高い木の葉も食べられるほうが有利なので長くなっていった、という説が知られています。でも、キリンほど首が長い生き物は地球上にほかにおらず、化石も見つかっていません。競争相手がいないのなら、ここまで長くなる必要はなさそうです。

　キリンは、メスをめぐってオス同士が首をぶつけ合って争います。これを「ネッキング」といいますが、首が長いほうが闘いに有利で勝てるので、次第に長くなっていった、という説もあります。でも、ネッキングしないメスも首が長いことを、この説で説明するのは難しそうです。

　もっとも有力な説は、足が長くなったので、首も長くなったというものです。隠れる場所のない草原では、天敵に襲われたとき、走って逃げるしかありません。より速く走ることができる、足が長めのものが生き残り、キリンの足は次第に長くなっていったと考えられます。では、足が長くなると、首も長くなるというのはどういうことでしょうか？

　答えは水です。生き物が生きていく上で、水は欠かせません。キリンは足を曲げずに広げて頭を下げ、水を飲みます。つまり、地面の水を飲むためには、足が長くなった分、首も長くならなければ地面に届かず、水が飲めないわけです。高い木の葉を食べるために首が長くなったのではなく、足とともに首が長くなった結果、高い木の葉も食べられるようになった、と考えられます。

　このように生き物は、すんでいる環境とくらしに合った姿かたちをしています。一見へんな姿に見えても、そこには理由があるわけです。

第2章
超高性能な生物

ものまね芸人、不死身の体。
出血ビームに、弾丸パンチ。
いったい、なにがどうなったら
こんな技を身につけられるんだろう？
君たち、ちょっと高性能すぎるぞ。

軟体動物

ミミックオクトパス

海の
ものまね芸人

DATA
[分 類] タコ目マダコ科
[分 布] 紅海～インド洋～西太平洋
[環 境] 浅い海の底
[食べ物] 小型の甲かく類や魚

分布

全長：最大60cm

超高性能な生物 2

ものまね芸をすると、友だちにウケるよね。生き物のなかにも、ものまねをするのがいる。タコだ。ミミックオクトパスは、ほかの生き物そっくりになる。え、そんなのはほかにもいるって？ 形が枝にそっくりのナナフシとか、アリにそっくりのツノゼミとか。いや、そういうことじゃないんだ。ミミックオクトパスは、いろんな生き物のような姿になるんだよ。ある時はヒラメ、ある時はウミヘビ、またある時はイソギンチャクって具合に、いろいろな生き物そっくりになる。形をまねるだけでなく、その生き物そっくりの動きをしたり、砂に潜って体の一部だけを出してまねたり、芸がとても細かい。「海洋ものまね演芸大賞」ってのがあったら、まちがいなくこのタコが優勝だよ。でも別に笑いをとろうってワケじゃないんだ。

豊富なものまねレパートリー

ヒラメ？カレイ!?
ヒラメやカレイのものまねは、形だけでなく海底をはうような動きもそっくり

エイ!?
エイのまね。1本の足が尾びれのように見える

シャコ!?
シャコに似ている？

ウミヘビ!?
くねくねした動きもウミヘビそっくり

ヒラメやカレイ、エイ、ウミヘビ、シャコ、ミノカサゴ、イソギンチャク、クラゲ、ヒトデ……ミミックオクトパスの持ちネタは豊富だ。しかし彼らはなぜ、ものまねみたいなことをするのだろう。ひとつには、身を守るため。毒をもつ生き物や、強い生き物に見えれば、ほかの生き物は寄ってこないからね。もうひとつは、獲物を狩るため。弱い生き物みたいになって相手を油断させるため、と考えられている。つまり、相手と状況によって変装を変えているわけだ。なんて賢いんだ、タコよ。

へんななかまたち
犬と互角の知能？

マントのようなものを広げたムラサキダコのメス
©真木久美子

目玉のような模様で威かくするイイダコ

ミミックオクトパスでなくても、タコのなかまはみんな化け上手。あっという間にサンゴや岩そっくりになったりする擬態能力は驚きだ。わずかなすき間からはい出たり、墨の煙幕を張ったり、不思議な技もたくさんある。それに頭もいい。迷路を脱出したり、ビンのふたを開けたりするタコもいるよ。犬程度の知能がある、という研究もある。あと100万年ぐらいしたら、人類を押しのけてタコが地球の支配者になってるかもしれないよ。

コトドリ

鳥類

陸の
ものまね芸人

DATA
- [分類] スズメ目コトドリ科
- [分布] オーストラリア南東部（固有種）
- [環境] 森林
- [食べ物] 昆虫など

分布

全長：80～100cm

超高性能な生物 2

海のものまね王者はタコ。では陸のものまね王者は誰かというと、コトドリだ。コトドリはオーストラリアだけにすむ固有種で、レース状の長い尾羽が竪琴に似ているのでコトドリと名付けられた。ミミックオクトパスが姿のものまねなら、こちらは歌のものまね。いろいろな声や音をまねするんだけど、その能力が並大抵じゃない。まるでレコーダーで録音したみたいに、正確無比に再現してしまうんだ。ほかの鳥の鳴き声はもちろん、ヒトの言葉も覚えられるし、カメラのシャッター音や車のブレーキ音などの人工音もリアルに再現することができる。オウムや九官鳥のレベルじゃないぞ。いったい、なにがどうなったら、こんな見事なものまねができるのだろう。そして、なんのためにこんなことをするのだろう？

もちネタがありすぎ

コトドリはじつにさまざまな音をまねられるけど、一番得意なのはほかの鳥の鳴き声だ。ざっとそのレパートリーを並べると、ワライカワセミ、カササギフエガラス、ムナグロシラヒゲドリなど、じつに53種以上にものぼるというから驚きだ。しかもいくら聴いても、本物と寸分たがわない。しかし、彼らは別に趣味や道楽でものまねをするわけじゃない。ちゃんと理由がある。まずもって、ものまねをするのはオスだけなんだ。じつはコトドリの世界では、ものまね上手なオスがモテるんだ。だからオスは熱心にものまねを練習して、メスに芸達者なところを披露するんだ。

ワライカワセミ

ムナグロシラヒゲドリ

カササギフエガラス

ものまね上手がモテる

おいちょっとまってくれ。ものまねがうまいやつがモテるって、いったいどういう世界なんだ？ きれいなオスがモテるのは、わかる。強いオスがモテるのも、わかる。でも、ものまねがうまいやつがモテるってどういうこと？ いつから、どうしてそんなことになったんだ？ それはもはや誰にもわからない。ただ、進化の過程でそういうことになった、としかいいようがない。ただひとついえるのは、彼らは生まれたときからものまね上手ではない、ということ。日々練習に練習をかさね、うまくなっていくんだ。芸をみがき、男をみがいて、メスにアピールするんだね。

41

は虫類

サバクツノトカゲ

目から血の涙、じゃなくて血のビーム

DATA
[分類] 有鱗目イグアナ科
[分布] 北～中央アメリカ
[環境] 砂漠地帯
[食べ物] 昆虫

分布

全長：8～11cm

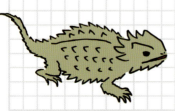

超高性能な生物

ロボットってよく目からビームを出してるね。あれ、よく考えたらすごくへんだぞ。なんでわざわざ目から出すんだ。ほかのとこから出したらいいじゃないか。でも、自然界には本当に目からビームを出す生き物がいるんだ。しかもまっ赤な血のビーム。こんな技をもつのは、サバクツノトカゲ。砂漠地帯にすむ平べったいトカゲだ。身を守るためのツノが生え、砂漠の色に似せて目立たなくしているけれど、天敵はあたりにいっぱいだ。ヘビ、コヨーテ、オオカミ、タカ……さまざまな動物がこのトカゲをつけねらっている。そこでこいつはとんでもない防御法を身につけた。なんと、目から血を発射して、天敵を撃退するんだ。目から血を出すなんて、あまりに意外すぎて、天敵もびっくりぎょうてんだ。それになんだかすごく痛々しいね。こうして解説を書いてるだけでも、クラクラして貧血を起こしそうだよ。

出血多量でも平気

出血ビームは相手をびっくりさせるだけじゃない。ツノトカゲの血の中には、コヨーテなどの動物が嫌う、ある種の化学物質が含まれていることが、最近の研究でわかってきた。射程距離は1メートル、後方にも射出可能で、1回の攻撃で体の血液の3分の1を発射できる。3分の1！ 人間だったら出血多量で確実に死んでいるね。

ちょっと貧血気味…

へんじゃないニュース
ツノトカゲを守れ

アメリカでは昔「ツノトカゲ保護法」という法律ができた。環境破壊によって減ってゆくツノトカゲを守ろうとしたんだ。これは世界に先駆けてできた動物保護法、制定されたのは1930年代。なんと第二次世界大戦よりも前だ。そんな時代に、野生動物保護の意識に目覚めていた人たちがいたんだね。

43

モンハナシャコ

甲かく類

シャコパンチで ぶっとばせ

DATA
- [分類] 口脚目ハナシャコ科
- [分布] インド洋〜太平洋の海
- [環境] 浅い海の底
- [食べ物] 甲かく類や貝

分布

体長：約15cm

超高性能な生物 2

これはモンハナシャコ。そう、お寿司屋さんで出るあのシャコのなかまだ。でもあまりにカラフルで、なんだかステージ衣装みたいだね。モンハナシャコは、貝やカニを捕まえて食べるんだけど、そのやり方がすごい。強力なパンチを繰り出して、相手を一撃するんだ。でもそのパンチがムダに強力過ぎるんだよ。モンハナシャコは「捕脚」という、こん棒状の前足をもっている。これをものすごいスピードで打ち出して、相手に強烈な打撃をくわえる。その速度、じつに時速80キロ。あまりのスピードに、海中では一種の衝撃波が生じて、パンチ力をますます増大させる。水そうのガラスもぶち割るパワーがあるというから、うかつに近づけない。なんでこんなにムダに強いんだ。回転寿司の皿にこんなのが乗ってたら、どうすりゃいいんだ。

強力パンチの秘密

モンハナシャコは強力パンチを繰り出すが、筋肉モリモリというわけではない。モンハナシャコの捕脚は一種のバネみたいな仕組みになっており、この力を瞬間的に解放することで、すさまじい破壊力を生み出せるんだ。

一撃であの世に送ってやるぜ

優れているようで優れていない

モンハナシャコは優れた視覚センサーをもっていて、ヒトの10倍もの色の違いを見分けることができる、と考えられてきた。でも、最新の研究によると、センサーは優れているけれど、その視覚情報を十分に処理できる神経が発達していないため、じつは色がうまく見分けられないことがわかった。つまり、レンズだけがものすごく高性能で、画像処理能力は低いデジタルカメラみたいなことだ。

軟体動物 なんたいどうぶつ

トビイカ

これが
ほんとの
イカロス

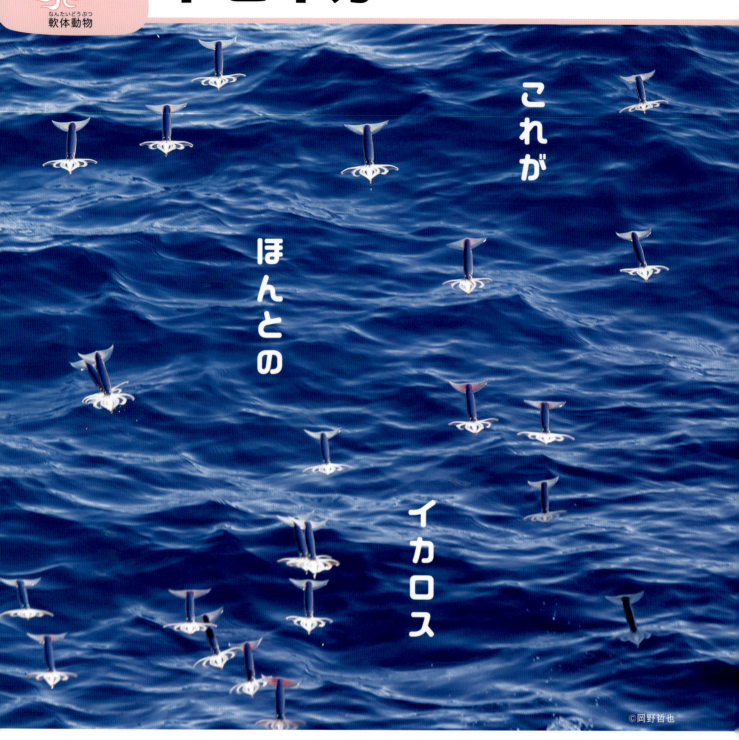

©岡野哲也

DATA

[分類] ツツイカ目アカイカ科
[分布] インド洋〜太平洋の熱帯〜亜熱帯
[環境] 海面近く〜深海
[食べ物] 甲かく類や魚

分布

外とう長：最大45cm
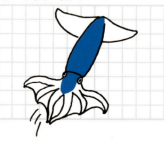

46

超高性能な生物 2

鳥、昆虫、コウモリ……空を飛ぶ生き物はたくさんいる。トビウオなんていう、空を飛ぶ魚だっている。だから、空を飛ぶイカがいたってちっとも不思議じゃない。えっ!? イカが空を飛ぶって? このずかん、インチキじゃないか。金返せ!……なんて思った君。よく目を見開いてこの写真を見てほしい。ほら、飛んでるだろ。イカ、飛んでるだろ。しかもすごい速さだ!

トビイカはその名のとおり、飛ぶイカだ。体内に海水をため、後方に一気に噴き出して、水中から空中へ離陸する。あとは足の間の膜を翼のようにして滑空するんだ。ロケット噴射で離陸して、グライダーのように風に乗るってとこかな。時には何十メートルも飛ぶというから驚きだね。イカが空を飛ぶなんて、イカす話じゃないか。

生きるために飛ぶ

イカの天敵はマグロなどの大型魚。天敵に襲われたときに逃れるために、長い時間をかけて、トビイカのなかまは空を飛ぶ能力を身につけたと考えられている。空を飛ぶのが夢だった、とかそういう話じゃない。飛ばなきゃ生き残れなかったんだ。

くやしかったらマグロも飛んでみな

長い長い空への道のり

でも考えてみてほしい。イカは、最初からいきなり空を飛べたわけじゃない。ある日ある時、ほんの少ーしだけ水面をジャンプするイカが現れた。そのイカは魚からねらわれにくく、生きのびて子孫を残すことができた。その子孫は、少ーしだけ飛ぶことができた。さらにその子孫の中から、もうちょっとだけ長く飛ぶイカが現れた。そしてその子孫の中から、さらにもうちょっとだけ飛ぶイカが現れ……。こういうことを、何千年、何万年、何百万年と積み重ねて、トビイカはうまく飛ぶ能力を身につけたのだと考えられる。最初から空をすいすいと飛んでいたわけじゃない。進化ってそういうことなんだ。

47

魚類(ぎょるい)

アフリカハイギョ

ゆかいな顔(かお)の化石(かせき)

DATA
- [分類(ぶんるい)] ハイギョ目プロトプテルス科(か)
- [分布(ぶんぷ)] 西〜中央アフリカ
- [環境(かんきょう)] 乾期(かんき)に干上(ひあ)がってしまう川(かわ)や沼(ぬま)
- [食(た)べ物(もの)] 小型(こがた)の甲(こう)かく類(るい)や魚(さかな)

分布(ぶんぷ)

全長(ぜんちょう):約(やく)100cm

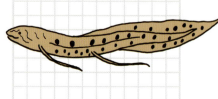

超高性能な生物 2

魚が水の中でえら呼吸することは、知ってるよね。えらから、水中の酸素を体内に取り入れるんだ。当然、空気中では息ができない。ところがハイギョは息ができる。なんと、魚のくせに肺があるんだ。肺がある？ それはもう魚とはよべないのでは？ いやいや、ハイギョはまっとうな魚類、しかも約4億年前からほとんど姿が変わってなくて、「生きた化石」などともよばれる立派な家柄の魚なんだ。ハイギョは幼魚の頃、ふつうの魚のように水中でえら呼吸をする。しかし成長するにしたがってえらはなくなり、その代わりに体内に肺が現れ、発達していくんだ。ただ、こうなるとときどき水面から鼻面を出して、呼吸しなくてはならなくなる。これができないと、肺魚は息ができず死んでしまう。魚のくせにおぼれてしまうんだ。魚のくせに！

干されずにすむ方法

ハイギョのすむ地域には、夏に川が干上がってしまう土地がある。ふつうの魚だったら全滅だ。だが、ハイギョは特殊能力でこのピンチを乗り切る。土の中に潜り、体から出す粘液で自らを包むまゆをつくるんだ。カプセルみたいなものだね。ハイギョはこのカプセルの中に入って、冬眠ならぬ「夏眠」をして乾期をやりすごす。雨期になれば、また川に戻るんだ。きびしい環境でも生きぬけるようにこんな能力を身につけたんだけど、あまりにうまくできすぎだ。

夏眠して、乾きから身を守ります。おやすみなさい。

もぐもぐ食べる

ハイギョは小魚やエビなどを食べる。でも胃がないので、獲物をよくかんで食べる必要がある。つまり魚なのに、ぼくらと同じように食べ物を「もぐもぐ」とかんで食べるんだ。なんだか親近感がわくね。もぐもぐもぐ。

ほ乳類

ハダカデバネズミ

まる裸でお仕えします

©Jennifer Strotman/Smithsonian's National Zoo

DATA

- [分類] ネズミ目デバネズミ科
- [分布] 東アフリカ
- [環境] 乾いた草原の地下に掘ったトンネル
- [食べ物] 植物の根や茎、球根など

分布

体長：8〜12cm
尾長：3〜4.5cm

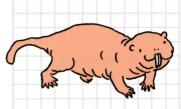

超高性能な生物 2

耳もない。毛もない。全身まる裸で、そのうえ出っ歯だ。なにかのまちがいかと思うけど、これでいいんだ。ハダカデバネズミは地中にいろいろな方向にのびるトンネルをつくって、群れですんでいる。その規模は大きく、長さ1キロメートルにもおよぶこともある。もはや地下都市といってもいいぐらいだ。だから、彼らは年がら年中穴を掘っている。掘って掘って、長い年月、ただひたすらトンネルを掘っていくうちに、大きな目も捨て、耳も捨て、毛皮も捨て、そしてどんどん出っ歯になっていった、筋金入りの穴掘り人夫だ。彼らはなんだってそんなに穴ばかり掘るのか。目的はただひとつ。女王様にお仕えすることだ。ハダカデバネズミはアリやハチみたいな「社会性」をもっている。一番偉いのが女王さまで、あとは全部そのしもべ、というウルトラ格差社会だ。君はこんな社会でくらせるかい？ オレはイヤだ。

地面の下の階級社会

子どもをもてるのは女王とごく一部の者だけで、あとはただ働くだけ。しかも、食料係、土木係、養育係、兵隊など、それぞれ役割が決まっている。なかには子どもを温めることだけが役目の「肉布団係」などというのもあるらしい。こりゃ楽そうだ。しかし、みんながみんな働き者というわけではない。なかにはさぼるやつも出てくる。さぼりが女王様に見つかると激しく怒られるらしい。ちなみに、女王様がどれだけ立派な姿なのかと思ったら、ほかのみんなよりちょっとでかいってだけで、あとは同じだよ。威厳もくそもないね。

へんじゃないニュース
ガン克服の救世主？

小さな動物のくせに、なんと寿命は約30年！ しかも病気知らずで、ガンにもならないということが、最近の研究でわかってきた。ハダカデバネズミには、ガンを予防する秘密がなにかあるのではないかと考えられている。もしその謎が解ければ、ぼくらはとうとうガンを克服できるかもしれない。そうなったら、ハダカデバネズミたちに感謝して、渋谷のハチ公像の隣に銅像を建立しよう。

51

鳥類

メンフクロウ

かわいい能面

DATA
[分類] フクロウ目メンフクロウ科
[分布] 北～南アメリカ、ヨーロッパ、アフリカ、インド、東南アジア、オーストラリアなど
[環境] 林、牧場、農地、人家
[食べ物] ネズミやモグラなど

分布

全長：約40cm

超高性能な生物

「猛禽」というのはほかの動物を狩る鳥のことだ。ワシやタカのなかまが有名だね。イヌワシはおもにウサギを、オオタカはおもにカモやハトを狩る。フクロウというと「森の賢者」とか「博士」みたいなイメージがあるんだけど、こいつも立派な猛禽だ。ワシやタカが日中活動するのに対し、フクロウのなかまは夜行性で、夜にネズミなどの小動物を狩るんだけど、そのなかでもこのメンフクロウは変わっている。まずもってこの顔だ。怖いんだか、かわいいんだか、よくわからない。まるで仮面をかぶっているような顔なので、メンフクロウと名付けられたんだ。そしてこの顔、たんにへんっていうだけじゃない。この顔はある能力を支えているんだ。メンフクロウを含め、多くのフクロウのなかまがもつ「顔の能力」とはなんだろう？

闇夜の狩人

夜に狩りをする場合、いかに音を聴き分けられるかが重要になる。獲物がたてるかすかな音。フクロウのなかまはその音を顔でキャッチする。フクロウの顔は、上下にほぼ逆さになったり、真後ろを向くどころかさらに回転する。パラボラアンテナのような形のこの顔が、集音器のような役割をもつんだ。この顔がくる〜りと回り、じっと見つめられたら、もう獲物の運命は決まったようなものだ。

羽のふちに秘密あり

闇夜の狩人にはもうひとつ強力な武器がある。それは羽だ。フクロウの羽のふちは、くし状になっていて、羽からもれる空気の渦が小さくなり、羽音がたちにくくなっている。これによってフクロウは羽音をたてずに獲物に襲いかかることができるんだ。この仕組みは新幹線を設計する際に、騒音対策の参考にされたほど優れているんだ。

カレハカマキリ

昆虫

危険な秋の風情

DATA
- [分類] カマキリ目カマキリ科
- [分布] インドネシア、マレーシアなど
- [環境] 熱帯雨林
- [食べ物] 昆虫

分布

体長：7〜8cm

超高性能な生物 2

花そっくりのカマキリの話はしたよね。こちらは枯れ葉そっくりのカマキリだ。枯れ葉にまぎれてじっと獲物を待ち伏せる。獲物になる昆虫からしたら、悪魔の枯れ葉だ。よーく写真を見てほしい。まるで枯れ葉を完全複製したかのような精密さだ。あまりに上手だから、「誰がつくったんだろう？」って疑問が自然にわいてくるよね。誰がつくったわけでもない。とほうもない時間の流れが、この技を成しとげたんだよ。このカレハカマキリの擬態は、もちろん狩りをするためのものだ。ほんの少しでも枯れ葉に似ているものが、狩りの成功率を高められた。その子孫で、もうちょっと枯れ葉に似ているのは、さらに成功率が高かった。これが長い年月繰り返されて、今のような姿かたちになったと考えられている。気が遠くなる話だね。

化けて攻める、化けて守る

擬態にはいろいろな形がある。たとえば身を守ったり、天敵から隠れたりするのに役立つ擬態。あるいは狩りをするため、獲物に見つからないように隠れるための擬態。カレハカマキリが攻めの擬態なら、こちらは守りの擬態。カレハバッタだ。葉の形、伸びる葉脈、虫食いの跡……ここまでやるか!? というぐらい芸が細かいね。カレハカマキリといい勝負じゃないか。

力いっぱい枯れ葉です

へんななかまたち
枯れ葉・枯れ枝 擬態コレクション

ほかにも枯れ葉や枯れ枝に擬態する生き物はいろいろいる。そんな擬態する生き物を集めてみたよ。

ムラサキシャチホコの枯れ葉擬態はだまし絵だ。翅は、本当は丸まっておらず、枯れ葉が丸まっているように見える模様なんだ！

コノハヒキガエル。カエルだって落ち葉に擬態する

コノハチョウが飛ぶと、枯れ葉が舞っているようだ

鳥だって擬態する。枯れ枝に擬態するオオタチヨタカ。しっかり目を閉じるから、擬態の完成度が高まる

55

緩歩動物

クマムシ

小さな、小さな、小さな巨人

DATA
- [分類] ヨリヅメ目ヤマクマムシ科
- [分布] 全世界に広く分布
- [環境] あらゆる環境（特にコケなどで見つかる）
- [食べ物] 微生物や有機物

分布

体長：1mm以下
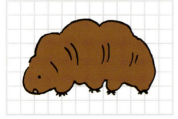

超高性能な生物

「最強の生き物はなにか！？」なんてよくいうよね。でも最強なんて無意味さ。海にすむもの、陸にすむもの、空を飛ぶもの……まったくかけ離れた土地や環境で、まったくかけ離れたくらし方をしている者同士を一緒くたにして「どっちが強いか」、だなんて、重さを温度計で量ろうというような、まったくナンセンスな話だよ。え？ それでもやっぱり最強の生き物が知りたい？ 困ったやつだな君は。じゃあ、教えてあげる。地上で最強の生き物はこのクマムシだ。砂粒よりもずっと小さいこの生き物が、最強なんだ。ただし！ クマムシが最強なのは、ひからびたときだけ。周囲が乾燥すると、クマムシの体はひからびて縮まり、一種のカプセル状態になる。これを「乾眠」という。この「乾眠」がクマムシの強さの秘密なんだ。

驚異の「乾眠」

「乾眠」状態になると、クマムシはとてつもない耐久能力を発揮する。上は151度の高温から、下はマイナス273度までの超低温にも耐え、さらには真空でも平気だし、超高圧下でも大丈夫。紫外線、各種化学物質もはねつけ、人間の致死量をはるかに超える放射線にも耐えることができる。これって不死身ってこと！？

海や池にすむクマムシは乾眠できないよ

インスタントに復活

あまりにクマムシが強いので、ついにはクマムシを宇宙空間にさらす、という実験まで行われたんだけど、それでもクマムシは平気だった。どこまで強いんだ君は。いったい、どんな理由があってこんな驚異的な耐久能力を身につけたかは、研究中だ。そしてこんな「乾眠」状態からどうやって通常状態に戻るかというと、水に戻すだけでいいんだ。強いうえにお手軽だぞ。でもそうなったらもうふつうの生物と同じ。異常なまでの耐性を発揮するのは、乾眠状態のときだけなんだ。

ミツツボアリ

昆虫

貯蔵庫としての生涯

DATA
- [分類] ハチ目アリ科
- [分布] オーストラリア、北アメリカなど
- [環境] 砂漠地帯
- [食べ物] 花の蜜

分布

体長：約1.5cm

超高性能な生物 2

「自己犠牲」ってことばを知ってるかな。よくドラマなんかで、主人公が誰かを助けるために死んで、みんながオイオイ泣いたりしてるよね。あれさ。自分が犠牲になって、ほかの人や集団のためにつくすことで、とても偉いこととされている。でも、生き物たちはそんなことはしないね。自分が生き残り、自分が子孫を残すことだけが重要だからだ。だけど、なかには自分を犠牲にして、なかまを助ける生き物がいる。それがミツツボアリだ。ミツツボアリは、名前のとおり「蜜のつぼ」となるアリ。なかまに食料を与えるため、自分が蜜の貯蔵庫となって生涯を終えるんだ。なぜそんなことを？ アリに自己犠牲の精神とかがあるのだろうか？ いやそんなバカな。この問題は長い間、生物学者たちを悩ませてきたんだ。

一生タンク係

ミツツボアリにはタンク係がいる。腹部をぱんぱんに膨らませて、花の蜜をためておくのが仕事だ。砂漠では花の蜜がとれない時期もある。そういうとき、ミツツボアリはこのタンクから蜜をなかまに分け与えてしのぐ。この「タンク係」は、ほかのなかまと交代でやるわけではない。タンク係のアリは、一生こうやってくらす。ほかにはなにもしない。タンクとして生きるって、どんな気分だろうね？ 生き物たちは、自分の子孫を残すために必死だ。それなのに、ミツツボアリのように、自分を犠牲にするものがいることは、とても不思議に思われてきた。

蜜のタンクとして耐える一生

結局は自分も得に

この自己犠牲的な生き方は、「遺伝子」で説明できるとする説が有力になってきた。「遺伝子」っていうのは、生き物の細胞内にある、生命の情報が書き込まれているファイルのようなものだよ。このファイルを子孫に残すために、どの生き物も必死に生きている。アリは、女王アリを中心に群れでくらしていて、群れが栄えるためには「遺伝子」を引き継いでいくことが大切だ。自分がタンク係となって群れのなかまを助けることで、群れの遺伝子が引き継がれれば、結局は自分の利益につながる。タンク係は自分のためにやっている、と考えられるんだ。

ほ乳類

ホシバナモグラ

ハイテクモグラ

DATA
[分類] モグラ目モグラ科
[分布] 北アメリカ東部
[環境] 湿地（池や川のほとり）
[食べ物] ミミズ、昆虫、小型の甲かく類など

分布

体長：約12cm
尾長：6.5〜8.5cm

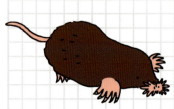

超高性能な生物 2

はい、ごめんなんしょ、ホシバナモグラでやんす。目が見えないもんでね、たまにおかしなところから出ちまうもんで、失礼しやした。すぐひっこみますからね。お前さん、ずいぶん驚いてなさるね。え？ こんなへんなモグラはじめて見た？ まあそうでしょうなあ。鼻がキモチワルイ？ 冗談いっちゃいけない、この超高性能の鼻があるから、あたしらこうして生きてけるんであってね。こいつがあれば目なんざ、いらないんすよ。ミミズの居どころなんかすぐわかりますしね。ミミズにゃ目がなくてねえ。おっと、今うまいことをいいましたよ。あたしのこの鼻はね、ただにおいをかぐだけじゃねえんで。振動、温度、圧力、味、なんでも感知できる、超高感度マルチセンサーなんだ。「アイマー器官」ってちゃんとした名前もついてますよ。

へんてこで精密なセンサー

アイマー器官には10万本の神経繊維が通っとるそうです。まあこう見えても、ハイテクモグラってとこですかね。そんじょそこらのモグラと一緒にされちゃ困りますよ。……ところで、お前さんの鼻はずいぶんと単純な形のようだけれど、それで役に立つんですかね？

花のような鼻ってね。またうまいこといいました

食べ続けないと死んでしまう

なんでこんな高性能の鼻が必要かっていいますとね。とにかく食べ物を大量に見つけてしょっちゅう食わなくちゃやってられないんで。体の小さなほ乳類は代謝が高い（エネルギーの消費が速い）ので、体温を維持するためにはつねにエネルギー補給が必要なんです。地中で穴掘るだけでなく、地上もチェックしたり、池で魚や貝をとったり。あ、こう見えても泳げるんですよ、あたし。こうして一日中食べ物を求めて働いとるんですわ。ほかの動物さんには、冬眠とかあるんですってね。うらやましいですわあ。うちらないですもん。そういうの。ああ、大変だ、こうしちゃいられない。働かなきゃ死んじゃいますんでね。これで失礼しますですよ。

● コラム ● へんじゃない生き物

生き物は高い能力をもっている

飛んでいるコテングコウモリ。口が開いているのに注目

コウモリが暗い夜でも自由自在に飛べるのはなぜでしょうか？

夜に活動するコウモリの多くは、飛びながら超音波（私たちヒトには聴きとれないほど高い声）を口から発し、そのはね返りを聴きとることで、獲物である昆虫との距離を測って見つけたり、障害物や地形などまわりのようすを確認したりしています。これをエコーロケーションといい、海の中では同じことをイルカがしています。コウモリもイルカも目が見えないわけではないのですが、夜や深い海のような暗い環境ではエコーロケーションが有効なのです。私たちにはとてもまねできない能力ですが、釣りや漁で使う魚群探知機など、機械を利用することで同じことを実現しています。

タカのなかまのチョウゲンボウは視力がヒトの数倍も良い上、私たちには見えない紫外線も見ることができます。チョウゲンボウは、獲物であるネズミをこの超高性能の目で探し出します。チョウゲンボウがすごいのは、ネズミがそこにいなくても、上空から探すことができることです。なぜそんな超能力のようなことができるのでしょうか？ じつはネズミのおしっこは紫外線を反射します。チョウゲンボウは上空を飛びながらこの反射を見て、ネズミが歩いたあとを追跡し、巣の場所をつきとめるのです。

私たち人間からすると、どちらも超能力のような神技ですが、生き物にとっては厳しい自然界で生きのびるために備わった能力であり、ふつうにくらしているに過ぎません。

チョウゲンボウには紫外線も見える

第3章

なんでそうなるの

これでいいのかな。
なにかまちがっている気がするけどな。
目で水を飲む？ 足だけで生きている？
やっぱりなにかおかしいよ。
いったいどうして、そうなるの！
なんでそうなるの！

バットフィッシュ

魚類

もの言いたげな
その口

DATA

[分 類] アンコウ目アカグツ科
[分 布] 中央アメリカ周辺の海
[環 境] 海底
[食べ物] エビやカニ、貝など

分布

全長：約16cm

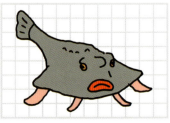

生き物は、獲物を狩ったり、身を守るために、なにかしら特技や特徴をもっているものだ。でも、このバットフィッシュには、なにもない。固い歯も、スピードも、高度なセンサーも、擬態も、毒もない。なんにもない。ないったらない。どうしてこれで生き残ってこられたのか、じつに不思議だ。ひれを足代わりにして、海底をのそのそはい回って獲物を探している。泳ぎは、あまりうまくない。人間にも、わりと簡単に捕まっちゃったりもする。しかもこんなにヘンテコな姿かたち。この魚のなかまは、日本では「フウリュウウオ」とよばれている。弱肉強食の自然界で、風流なんて気取っていて、大丈夫？　そう聞いても、答えはない。こんなもの言いたげな口をしているくせに無言だ。なんでそうすましていられるんだ。なんでそうなるんだ。

とっても役に立ちません

バットフィッシュの額の部分には、カエルアンコウ（34～35ページ）と同じ「エスカ」がある。これをたくみに振れば、小魚はわんさか寄ってきてそれをぱくっと……といいたいところだけど、このエスカ、つくりが雑でまったく機能しない。周りの魚もまったく無視。それもそのはず、これは彼らのご先祖が、アンコウのなかまだった頃の名残で、ついてはいるけど役に立たない器官。人間の盲腸みたいなもので、「痕跡器官」とよばれている。役に立たないくせに、きちんと収納だけはできるんだ。意味、ないよね。まったく、こんなので厳しい自然界をよく生きのびてきたものだ。本当にもう、なんでそうなるんだ。

とくい技は収納です

へんななかまたち
森のまっ赤な誘惑

「ホットリップ」とよばれる、メキシコからアルゼンチンにかけて生える熱帯林の低木の花は、まるで唇のように見える。バットフィッシュの唇と同じように目立つね。唇のように見えるのは、じつは葉が変化した苞葉で、本当の花はまん中に咲く小さな花だよ。ど派手に目立つことで昆虫を花に誘う効果があると考えられている。しつこいようだけど、なんでそうなるんだ。

魚類

ニュウドウカジカ

称号をもつ深海魚

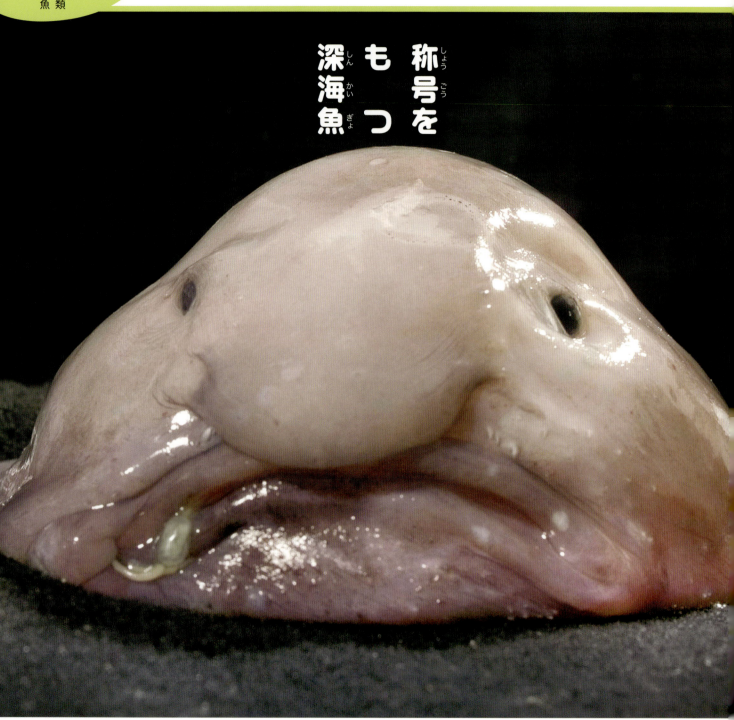

DATA
- [分類] カサゴ目ウラナイカジカ科
- [分布] オーストラリア、ニュージーランドの近海
- [環境] 深海
- [食べ物] プランクトン、甲かく類など

分布

体長：約30cm

なんでそうなるの 3

深海魚は、獲物を逃さず捕らえるため、さまざまな技を身につけた。大きな口、鋭い歯、高性能レンズのような目、自分より大きな獲物も飲み込める胃袋……それなのに、こいつはなんだ。こいつはカサゴのなかまの深海魚なんだけど、見るからにやる気がない。そもそも魚のくせにウロコもないし、ゼラチン状の物質でできていてブヨブヨだし、弱肉強食の自然界を生き抜こうという、気迫が感じられない。海の中で泳いでいるときは、オタマジャクシみたいな形だけど、陸に揚げると自分で自分の体を支えられなくなって、ぺったんこになってしまう。さまざまな生き方をする、さまざまな生き物がいることを「生物多様性」っていうんだけど、いくら多様性といったって、こんな顔の生き物までいるなんてねえ。ちなみにニュウドウカジカの「ニュウドウ」は入道、坊主頭の化け物って意味だよ。こんな名前つけたの誰だ。

節約という適応

それにしても、こんなブヨブヨのカサゴがいていいのか。しかし、このブヨブヨも適応の結果。筋肉組織を少なくすれば使うエネルギーも少なくてすむし、食べる量も少なくてすむ。獲物を狩る、という方向でなく、なるべく動かずエネルギーを温存する、つまり節約人生を選んだわけだ。ちなみにこのニュウドウカジカ、イギリスの「醜い動物保存協会」で「世界で最も醜い動物」の称号を与えられたという。よけいなお世話だ。

へんななかまたち

世界一深い海にすむ魚もブヨブヨ

2008年に発見された新種の魚もブヨブヨだ。まだ名前がついていないクサウオ科のこの魚が発見されたのは、ペルー・チリ海溝の深海なんと7,050メートル！ 世界一深い海にすむ魚だ。この超深海の水圧がどれくらいかというと、小さな自動車の屋根にゾウ1,600頭を載せたのと同じほどだという。

ほ乳類

カモノハシ

生き物をあれこれと寄せ集め

DATA
- [分類] カモノハシ目カモノハシ科
- [分布] オーストラリア東部
- [環境] 淡水の水辺（河川や湖沼）
- [食べ物] 水生昆虫の幼虫など

分布

体長：30～45cm
尾長：8～15cm

なんでそうなるの ③

カッパや人魚のミイラってあるよね。いかにも本物っぽいけど、たいていはニセモノ。サルの胴体にコイの下半身をくっつけて、干からびさせたものだったりして、まったくあやしいシロモノだ。はじめてカモノハシのはく製を見た人も、そんなニセモノではないかと疑ったというんだ。それも無理もない。ビーバーみたいな体、うちわみたいな形のしっぽ、かぎ爪に水かき、そしてカモみたいな平べったいくちばしをもち、水中を泳ぎ回る。いろんな動物を適当につなぎあわせたみたいなこんな生き物、いるわけないって思うのが常識人というものだよ。でもいたんだな。調べるとこの生き物、姿かたちが奇妙というだけでなく、不思議な能力や生態がてんこ盛りだった。しかも太古の昔から、ほとんど変わらずこの姿のままだというんだ。なんでそうなるんだ。

能力てんこ盛り

卵を産むほ乳類

カモノハシはほ乳類のくせに卵を産む。それはカモノハシが、大昔に生きていた、古い古いほ乳類のなかまだからだ。昔の原始的なほ乳類は、卵を産んでいたんだ。

毒婦ならぬ毒夫

意外なことに毒をもつ。ただしオスだけだ。毒針が後ろ足に隠されていて、これを武器に、メスをめぐりオス同士が戦うのではないかと考えられている。必殺仕事人みたいだね。顔はゆかいだけどね。

くちばしセンサー

カモノハシのくちばしは、水中で進行方向や獲物の存在を知るための高度なセンサーだ。水中を泳いでいるとき、カモノハシは目と耳を閉じているからだ。このアヒル口のくちばしはゆかいだけど、ハイテク器官なんだ。

おっぱいありません

ほ乳類のくせに乳首がない。じゃあどうやって子どもたちにお乳をあげるのかというと、汗のようにお乳を出して、毛にしみ込ませて吸わせるんだって。

まとめ

太古の昔からずーっと、この姿だったといわれている。これはつまり進化する必要がなかったってことだ。なぜ進化する必要がなかったのか？　それはまだ解明されてない。要するにカモノハシのことは、まだあんまりよくわかってないんだよ。

ウミグモ

節足動物

超生物ならぬ腸生物

DATA
- [分類] ウミグモ目
- [分布] 全世界の海
- [環境] 浅い海から深海まで
- [食べ物] 小さなプランクトンなど

分布

全長：1〜30cm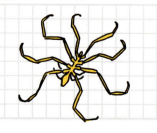

ウミグモって海のクモなの？ この名を聞けば、誰だってそう思うよね。でもウミグモは、みんながよく知っているクモとは無関係。ほとんど足ばかりの生き物で、胴体に足がついているというより、足におまけの胴体がついてるみたいだ。こんなのありえない。まるでSFに出てくる超生物みたいだね。足だけで生きてるみたいだ、って思ったかい？ その考えは、おおむね正しい。ウミグモの足は、歩くためだけにあるんじゃない。内臓も、呼吸も、みんな足でやっているんだ。ウソみたいだが本当だ。一口にウミグモといっても、じつに約1000種がいて、食べるものもそれぞれ異なる。その食べ物をどこで消化吸収しているかというと、お腹の中じゃない。なんと、足の中なんだ。なんでそうなるんだ。

足と腸の関係

ふつうは胴体の中に呼吸器官や腸がある。だがウミグモには肺もえらもない。酸素は体全体から取り入れる。そして腸で血液を体中に送ってるんだ。ウミグモの腸は、まるで血管のように枝分かれし、足先にまで伸びている。こいつが伸び縮みすることで、血液を体にめぐらせている。もちろん消化活動もこの腸だ。心臓もあることはあるけど、ポンプとしての働きは弱い。体全体に血液をめぐらせているのは、腸だということが最近の研究でわかったんだ。ウミグモは「歩く腸」といってもいいかもね。

胴体ってムダな気がしますね

へんななかまたち

大きさもいろいろ

オオウミグモのなかま

ヨロイウミグモのなかま

ウミグモの大きさは、爪の先ほどのものから、巨大なものまでさまざま。特に深海にすむオオベニウミグモは巨大で、足をひろげると30センチにも達する。深海にすむ生き物は巨大化する傾向があるけど、その理由は今もってよくわかっていないんd。

は虫類

ミズカキヤモリ

かわいいのは、ダテじゃない

DATA

[分類] 有鱗目ヤモリ科フトユビヤモリ属
[分布] アフリカ南部
[環境] 砂漠地帯
[食べ物] 昆虫やクモ

分布

全長：10〜15cm

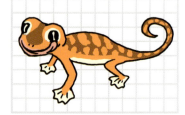

なんでそうなるの

「か～わいい～っ!」って声が聞こえてきそうだね。大きなお目々にピンクの体。まるでオモチャかマンガのキャラだ。さらにかわいいことには「舌をぺろり」のポーズまで。かわいすぎるよね。でもちょっと考えてみてほしい。ほかの生き物は身を守るため、隠れたり、擬態したりしてなるべく目立たないようにしているというのに、どうしてこいつはこんなに愛きょうをふりまいているんだろう。しかもこいつがすんでいるのは砂漠。暑い太陽が照りつけ、水すらもない、厳しい環境だ。そんなところでどうしてこんなにかわいくしていられるんだ。いや、「かわいい」なんていうのは、人間側の勝手な見方、じつはこのラブリーな顔にもちゃんと理由があるんだ。過酷な環境で生き抜くための、深い理由が。

容器としての目玉

大きなお目々と「舌ぺろり」にはちゃんと理由がある。これは水分をとるための工夫なんだ。砂漠には川も池もない。けれど、霧が出る。遠く海から吹いてくる風が霧となって水分を運んでくるんだ。ミズカキヤモリはこの霧を体で受け止める。するとガラスに水滴がつくように、目玉には水分がたまる。これを舌でぺろりとなめとるんだ。この大きな目玉は、水をためる受け皿のようなもの、生き残るための工夫なんだ。アイドルが笑顔をふりまくのとはわけがちがうね。

ぺろり

泳がないのに水かき

ミズカキヤモリの足には、その名のとおり水かきがある。でも泳ぎもできないのに、どうして水かきが必要なのかな。砂漠は暑い。太陽がすべてを焼きつくすかのようだ。だから日中は砂の中に隠れて暑さをやりすごす。水かきはじつは砂を掘るためにある。水かきというよりシャベル、といったほうがいいね。水ようかんみたいな半透明の体も、砂地で目立たないためのものだ。彼らは、砂漠という過酷な環境にも適応して生きているんだ。

節足動物

ピーコックスパイダー

愛と死の境界線

©Jurgen Otto

DATA
- [分類] クモ目ハエトリグモ科
- [分布] オーストラリア南部
- [環境] 地面や低い木の上
- [食べ物] 昆虫

分布

体長：0.5〜1cm

この派手なものはなに？ どこか外国のお面？ これをかぶって悪魔とか呼び出すの？ それともわけのわかんない現代美術？ 頭の中が「？」だらけになるね。信じられないけど、これはクモの一種なんだ。クモは獲物を捕まえて生きているはずだ。そんなクモがこんなに派手でいいわけ？ これじゃ目立ちすぎて獲物に逃げられちゃうよ。ごもっとも。でも、世界には食うことより大事なことがあるんだ。それはなにかって？ もちろん愛さ。ピーコックスパイダーの派手なお面は、オスがメスに愛をアピールするためのもの。とにかく派手できれいなほうがモテるから、オスはどんどんきれいになっていったのさ。こんなに派手になったら天敵にねらわれやすくなるけど、愛の前にそんな危険なんて、どうってことはない。尊いのは愛だ。愛こそがすべてだ。

男の美しさ

このカラフルなお面は腹の一部が変化したもの、メスへのアピール用で、それ以外の役には立たない。これが派手できれいなほど、ハンサムで男前ってことだ。クジャクがきれいな羽でメスにアピールするのと同じだよ（ピーコックは英語でクジャクの意味）。このお面は、種によって異なり、とてもカラフル。でもこれだけじゃ押しが弱い。オスは、たくさんいる恋のライバルに勝つために、もっと激しくアピールする必要がある。どうするかって？ そう、踊るんだ。

ほとばしる
男の魅力

©Jurgen Otto

ゆかいだけれど死の危険

ハイッ！ ホイッ！ ソレ！ コラサ！
ピーコックスパイダーの踊りを見ていると、ついつい間の手をいれたくなってくる。まるで早回しにしたラジオ体操みたいなその踊りは、こっけいで、かわいらしくて、見ていて大笑いだ。だけど彼らは真剣だ。なにしろこの愛のアプローチに失敗したら、子孫を残せないどころか、メスに獲物とみなされて食い殺されてしまうかもしれないんだ。愛と死が背中合わせ、こんなスリルはほかにない。なにしろ夫になるか、朝メシになるかは、彼女の気持ちひとつで決まるんだから。

昆虫

ウマノオバチ

我が子のためには鬼になる

DATA

- [分類] ハチ目コマユバチ科
- [分布] 本州〜九州、台湾
- [環境] 雑木林など
- [食べ物] カミキリムシの幼虫などに産卵

分布

体長：約2cm
メスの産卵管：約15cm

なんでそうなるの

「鬼子母神」を知ってるかい？ 人の子どもを取って我が子に食わせていたという、恐ろしい鬼だ。もちろん伝説の存在だけど、じつは昆虫界にも鬼子母神がいる。「寄生バチ」とよばれる昆虫のなかま、ウマノオバチがそうだ。ウマノオバチは信じられないほど長いしっぽをもつ。このしっぽが子どもをかどわかす悪魔のムチなんだ。なんの子どもかって？ カミキリムシの幼虫さ。この長い尾は、カミキリムシの幼虫に卵を産みつける「産卵管」という器官。ウマノオバチの母親は、この産卵管を木にさしこみ、中に隠れているカミキリムシの幼虫を探し出して卵を産みつける。やがて卵からかえったウマノオバチの子どもは、すくすくと育ってゆく。生きたカミキリムシの幼虫を食べて……。

寄生バチという悪魔

寄生バチのなかには、獲物の幼虫に麻酔をかけたり、幼虫の免疫系（体を守る仕組み）をダウンさせるウイルスを注入したりするものがいる。悪魔的な巧妙さだね。ウマノオバチの産卵管の異様な長さも、こういった巧妙さのひとつだ。獲物のカミキリムシの幼虫は、木の内部深くに潜っている。この幼虫を探るために、ウマノオバチの産卵管は、どんどん長く伸びていったんだ。人間だったら、10メートルも離れて、遠隔操作で外科手術をやるようなものだ。

悪魔の外科手術

へんななかまたち
ガとランの競争

左のガは長い口ふんをもち、右の花は長い距（奥に蜜が入っている）という部分をもっている。ガはこの花の花粉を運ぶ役割。花はガに確実に花粉を運んでもらうために蜜が入っている距を少しずつ伸ばし、ガもまた蜜を吸いやすいように口ふんを少しずつ伸ばした。両者はお互いに永い年月をかけて進化した結果、このように極端に長い口ふんと距になった。このように、関係している生き物同士が一緒に進化することを「共進化」というんだ。

口ふんが長いキサントパンスズメガ

アングレカム・セスキペダレはランの一種で、蜜が入っている部分（距）が長い

棘皮動物

オオイカリナマコ

砂をかむ幸せな日々

DATA
- [分類] 無足目イカリナマコ科
- [分布] インド洋〜太平洋のあたたかい海
- [環境] 浅い海の底
- [食べ物] 砂に含まれる有機物

分布

全長：最大300cm

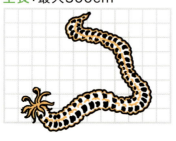

なんでそうなるの ③

「ぎゃーッ！ ウミヘビーッ！！ かまれた〜ッ！ 救急車呼んでッ！ ひいッ、死ぬぅ〜ッ！！」なんにも知らない人が見たら、青くなってわめきたてそうな外観だね。なにしろでかいもので長さ3メートルあるんだから、悲鳴をあげる人の気持ちも、わからないでもない。でもこれ、ナマコなんだよね。地球の動物のなかでも、もっともおとなしい部類に入る生き物だ。食べ物は砂。砂だって？ 退屈でおもしろくないくらしを「砂をかむような生活」なんていうけど、彼らにとっては砂がおいしい食事なんだ。といっても砂そのものを食べているわけじゃない。頭部にある触手で砂をかきこみ、砂つぶの間に含まれるさまざまな栄養分を吸収しているんだ。砂は肛門から排出してしまう。一日中黙々と砂をかきこんでいるけど、これは一日中海をお掃除してくれているともいえるわけだ。ご苦労さまです。

省エネルギー型のくらし

しかし、そんなにも長い体で、砂からこしとる程度の栄養分で平気なんだろうか。心配してくれてありがとう。でも大丈夫。ナマコがエネルギーを使う割合は、ほ乳類などに比べて格段に低い。わずかな収入でも、支払いが少なければやっていける。チーターは全速力で走って獲物を狩るけど失敗も多い。得るものも大きいが、エネルギーも多く使う。オオイカリナマコはそれとまったく逆の道、節約節制の道を選んだというわけだね。

のろくても大丈夫

でも、こんなにでかくて動きものろいなら、ほかの生き物に食べられてしまうんじゃないか？ 君はどこまでやさしいんだ。でも案じることはない。ナマコのなかまは、ホロスリンという魚に働きかける毒素をもっている。つまり食べるとまずいから、ねらわれにくいんだ。それに、オオイカリナマコの皮膚には、名前のとおり「碇」みたいな形の骨がたくさんある。だからうかつにオオイカリナマコをさわると、この骨片が刺さって痛いんだ。どうか安心してほしい。

軟体動物

メリベウミウシ

生きている捕虫網

DATA
- [分類] 裸鰓目メリベウミウシ科
- [分布] アラスカからメキシコにかけての沿岸
- [環境] 海藻や昆布の上
- [食べ物] プランクトンや小さな魚

分布

体長：約10cm
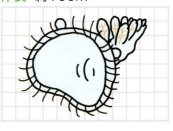

なんでそうなるの 3

ウミウシのことは知ってるよね。とてもカラフルで種類も豊富、ウミウシを見るために、わざわざ海に潜る人もいるぐらい、人気がある生き物だ。そんなウミウシだけど英語では「シー・スラグ」とよばれている。「海のナメクジ」っていう意味だ。ウミウシがナメクジだって？　そう、じつはナメクジもウミウシも、大昔は巻貝のなかまだったんだ。その巻貝の貝殻がどんどん小さくなってやがて消えてしまい、貝の中身が自由に動きだしたのが、今のナメクジやウミウシ。ごく簡単に説明するとこういうことなんだけど、一口にウミウシといっても、その形も性質もじつにさまざまで、複雑だ。とくに、このメリベウミウシのヘンテコさときたらどうだ。あまりにへんすぎて、どこから話していいやらさっぱりわからないよ。

独特すぎる食べ方

数あるウミウシのなかでも、メリベウミウシのなかまは、格別に奇妙だ。なんといっても獲物の食べ方が変わっている。メリベウミウシの頭の部分は、ザルというか、頭巾というか、捕虫網みたいな形をしている。獲物になる魚や甲かく類などを見つけると、メリベウミウシは、この頭部をガバっと覆いかぶせる。そしてそのまま頭をしぼませて、水だけを排出して食べてしまう。袋をかぶせて、きゅーっと手でしぼるような具合だ。こんなおかしな食べ方をする生き物、ほかにいるかい？　いたら教えてくれ。

へんのなかでもさらにへん

変わっているメリベウミウシのなかでも、さらにスペシャルに変わっているのがこの「ヤマトメリベ」。とても大きく、なぜかピンク色だ。ほかのウミウシの多くは海底をおとなしくはっているけど、なぜだかこいつは海中をぐにゃら、ぐにゃらと泳いだりしている。とても珍しく、捕獲例も非常に少ない。こういう珍しく、変わった生き物をもったいぶって「希少生物」と表現したりもするよ。

81

アオアズマヤドリ

鳥類

青は恋の色、そして勝負の色

DATA
- [分類] スズメ目ニワシドリ科
- [分布] オーストラリア東部
- [環境] 多雨林
- [食べ物] 昆虫、木の実

分布

全長：約32cm

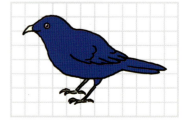

なんでそうなるの ③

着飾ったり、歌ったり、踊ったり、プレゼントを贈ったり……動物のオスは、メスにアピールするのに一所懸命だ。メスに選んでもらわないと子孫が残せないんだから、みんな必死だよ。なかには、メスのためにまるごと家をつくってしまう鳥もいる。アオアズマヤドリは「ニワシドリ」という鳥のなかまだ。ニワシドリのなかまのオスは、メスにアピールするためにとても凝った巣をつくることで知られる。いや、そこに卵を産んで子育てするわけじゃない。いかに自分が優れたオスかをメスにアピールするためにつくる、いわばモデルハウスだ。さまざまなニワシドリのなかまが、さまざまなデザインでメスに訴える。メスの気をひくためだけに、家をつくるなんて！ 君は好きな女の子のために、家一軒建てられるかい？

青、青、青で愛をアピール

ニワシドリのなかでも、アオアズマヤドリは「青色」にとてもこだわる。青い羽、青い果実、青いボール、青い洗濯バサミ……青い色ならなんでも、モデルハウスの飾りつけに使う。メスがやってくるとオスは愛のダンスを披露。メスはモデルハウスを念入りにチェックして、オスがパートナーにふさわしいか判定する。合格すればつがいになれる。まさにテストだね。オスとメスが無事につがいとなれば、今度はメスが本当の巣をつくり、そこで卵を産む。ここまできて、はじめてオスの努力はむくわれるんだ。まことにご苦労なことで、書いてるだけで疲れるよ。

熱い想いをクールに表現

本物の巣をつくり子育てするのはメスよ

へんななかまたち
フグの愛の巣

アマミホシゾラフグがつくった産卵床

ニワシドリのほかにも、メスにアピールするために家をこしらえる生き物がいる。それは……なんとフグなんだ！ 直径2メートルにもおよぶ、不思議な模様が海底にあることは、ずっと前から知られていた。でもそれがなんなのかはわからなかったんだ。近年になって、これはフグのオスがメスをよぶためにつくる産卵床だということがわかったんだよ。調べると、このフグは今までに知られてない新種だということがわかり、「アマミホシゾラフグ」という名前がつけられたんだよ。奄美の星空フグという意味だ。フグのくせにロマンチックだね。

甲かく類

キンチャクガニ

お道具なしでは生きていけない

DATA
- [分類] 十脚目オウギガニ科
- [分布] インド洋～太平洋西部
- [環境] 砂の海底やサンゴの上
- [食べ物] 小さな魚や甲かく類

分布

甲長:0.5～0.6cm

なんでそうなるの 3

道具を使う動物っているよね。石で貝を割るラッコとか、木の枝を使ってシロアリをとるチンパンジーとか。ササゴイという鳥は、葉っぱや枝のきれっぱしなんかを水面に浮かべ、獲物だと思って浮かんできた魚を捕まえる。つまりルアー釣りをするんだ。本当に賢いね。そしてなんと、カニにも道具を使うかまがいるんだ。カニが道具を？やっぱりハサミではさむんだから、海草とかサンゴとか、貝殻とかかな？そう思ってよく見ると、このカニがもっているのはチアリーダーのお姉さんがもっている「ポンポン」みたいなものだ。もちろん、なにかを応援しているわけじゃないよ。この道具は、カニにとって生きていくためになくてはならない特別なものなんだ。この道具はなんと生きているんだよ。

道具？それとも奴隷？

キンチャクガニがもっているのは、イソギンチャク。キンチャクガニは、このイソギンチャクを使って狩りをしたり、天敵のタコを追い払ったり、なわばりに侵入してきたよそ者をおどかしたりしているんだ。それって道具っていうより、奴隷みたいじゃない？ずいぶん一方的じゃないか。けれど、逆にいえばキンチャクガニはイソギンチャクに頼り切ってくらしているともいえる。キンチャクガニのハサミは、イソギンチャクをうまくはさむためだけに進化してきた。だから、そのほかのことはなにひとつできない。ただ、イソギンチャクをはさむだけ。もしなにかの原因でイソギンチャクがいなくなったら、キンチャクガニは生きてはいけないんだ。

このイソギンチャクがめにはいらぬか〜！

あきらめの境地……？

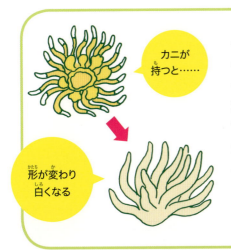

カニが持つと……

形が変わり白くなる

このイソギンチャクはカサネイソギンチャクという。不思議なことに長いこと、キンチャクガニにはさまれた状態でしか発見されなかった。それもそのはず、カサネイソギンチャクは、キンチャクガニにはさまれると、色も形も変わってしまうんだ。別人になってしまうんだよ。理由はまだわからない。でも、カニから逃げられないと知って、そこで生きるために自らを変えるのかもしれない。ちょっとだけ哀しい話だね。ところでキンチャクガニはカサネイソギンチャクを片時も離さないけど、脱皮するときはどうするのだろう？じつは脱皮するときには、近くの岩にイソギンチャクをそうっとのせて、脱皮が終わるとまた持ち直すそうなんだ。ちょっとだけ楽しい話だね。

85

海綿動物

ハープスポンジ

深海の便利アイテム

©MBARI

DATA
- [分類] カイメン目エダネカイメン科
- [分布] カリフォルニア沖
- [環境] 深海の海底
- [食べ物] プランクトン

分布

体長：約60cm
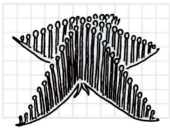

なんでそうなるの 3

オシャレで便利なタオル掛けです。ぜひお使いください。今なら20％オフ！ なんて言われたら普通に買っちゃいそうだよね。でもちがうんだ。これはれっきとした生き物なんだよ。信じられないって？ 無理もない。これはMBARI（モントレー湾水族館研究所）の研究によって、カリフォルニア沖水深3,300メートル付近の深海でごく最近発見された新種で、カイメンのなかまだ。カイメンとは、おもに海の中にすみ、岩にじっとへばりついて動かない、一見、植物みたいな生き物だ。スポンジのような質感があり、実際にスポンジ商品として売られている。お肌にいいというので女の人が使ったりするよ。カイメンの多くは、体にあいた無数の穴から、水を吸い込んで水中の養分をこしとるという地味な生活を送っているんだ。でも、なかには肉食のカイメンもいるよ。動かないのに肉食だって？

動かない狩猟者

ハープスポンジは肉食性カイメンのなかまだ。木琴をたたく棒、あるよね。あの棒をずらりと並べたような形をしている。棒の先が丸くなっているね。ここに小さなフックがたくさんついていて、流れてきたプランクトンを捕まえて食べる。もうわかったかな？ ハープスポンジは、自分で狩りはせず、流れてくる生き物をひっかけてくらしている。ハープスポンジは、獲物を効率よくひっかけるために、こんな変わった姿になったんだ。「なるほど、そうか！」って思ったけど、やっぱりこんな形はないよな。

地味すぎるけど狩りです

へんななかまたち

ピンポン・ツリー・スポンジ

キャンディでも売ってるのかと思えば、これもハープスポンジと同じく、MBARIによって発見された新種のカイメン。こんな姿でこれまた肉食だよ。この白い玉の部分にプランクトンをくっつけて食べるんだ。深海は食べ物となる生き物がとても少ない。だからハープスポンジも、ピンポン・ツリー・スポンジも、食べ物を逃がさないように進化した結果、こんな姿になったんだ。合理的な形なんだね。でもやっぱり笑うよね。

©MBARI

87

● コラム ● へんじゃない生き物

モテたいか、身を守りたいか

タンチョウのダンスはとても美しい

鳥の求愛行動はとてもおもしろいです。

求愛行動とは、子どもをつくる相手を探すための、さまざまな行動です。

ツルのなかまのタンチョウの求愛行動は、オスとメスがダンスを踊ったり、お互いに鳴き交わしたりするとても美しいものです。水中に飛び込んで魚やエビを捕まえる鳥、カワセミの求愛行動は、オスがメスに魚をプレゼントして気をひくもので、この行動を求愛給餌といいます。どちらも日本にすんでいる鳥ですが、世界にはもっとユニークな求愛行動をする鳥がいます。

カワセミは、オスがメスに魚をプレゼントして求愛する

オーストラリア北部とニューギニアにすんでいるフウチョウのなかまは、派手な羽をもち、求愛行動をします。

アカカザリフウチョウのオスはふさふさした赤い飾り羽をもち、高い木の梢など、目立つところで派手に踊ってメスに求愛します。ウロコフウチョウのオスは、先が丸い羽を扇のように広げ、顔を出したり隠したりしてメスの前で踊ります。

フウチョウのなかまは、なぜここまでド派手な羽をもち、目立つ求愛行動をするのでしょう？ 日中活動する鳥はとてもいい目をしていて、私たちヒトよりも細かい色の違いを見分けられ、紫外線も見ることができます。また、羽が美しいオスほどメスにモテることが研究によってわかっています。一方で目立てば目立つほど、天敵に襲われやすくなるので、生き残るのが難しくなります。子どもをつくるためには美しくなければならない、生き残るためには目立ちたくない、相反する2つの目的のバランスを、進化の長い歴史が決めました。その答えが、今地球上に生きている生き物の姿です。

ところが、フウチョウのなかまはモテることだけを選び、身を守る気がないような目立ちっぷりです。これはどうしたことでしょう？ じつはフウチョウ類のすむオーストラリア北部やパプアニューギニアには鳥の天敵となる肉食動物がいませんでした。そのためフウチョウ類は身を守る方向での進化をせず、徹底的にモテることだけを追求した進化をしました。その結果、ド派手な羽をもち、目立つ求愛行動をするようになったと考えられています。

赤い飾り羽が美しいアカカザリフウチョウのオス（左）

ウロコフウチョウの踊りはユニーク

第4章

危ないやつら

寄生、猛毒、バカ力。
生き物たちの能力は、
時に激しく、恐ろしい。
森で、海で、においたつ
生き物たちの危険な香り。

魚類

ダルマザメ

クッキー型抜きザメ

DATA
- [分類] ツノザメ目ヨロイザメ科
- [分布] 全世界の熱帯の海
- [環境] 深海
- [食べ物] クジラ、イルカ、魚

分布

全長：40〜56cm

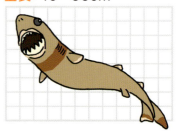

危ないやつら 4

漁師がマグロなどの魚を網から引き上げると、おかしな傷がついていることがあった。スプーンできれいにそぎとったみたいな、まん丸の傷だ。いったいなんだろう？ 寄生虫？ それとも病気かなにか……？ これがサメのしわざと判明したのは、近年になってからだ。サメっていうと、巨大な人食いザメをすぐに思いうかべるかもしれないね。だけど、サメは全世界に約500種もいて、人を襲ったりするのはそのうちのわずか。体長ひとつとっても、20センチから14メートルまでとまったく幅広い。そして数あるサメのなかには、とても奇妙な食べ方をするものがいる。このマグロの奇妙な傷は、そんなサメの一種がつけたものだったんだ。そのサメの名をダルマザメという。名前はいたって平凡だ。

丸い傷あとの謎

ダルマザメは体長50センチほどのサメで、カッターみたいな鋭い歯をもっており、大きな魚に突撃してかみつき、くるりと一回転して、獲物の肉をそぎ取る。謎の丸い傷は、ダルマザメの食べあとだったんだ。まるでクッキーの型できれいにくりぬいたみたいなので、外国では「クッキー型抜きザメ」とよばれたんだ。だけど、どうしてこんな食べ方をするのだろう？ 一説によると、ダルマザメは獲物の肉を一部分いただくだけにとどめ、相手を生かしておくのだという。獲物を殺してしまって食料不足にならないよう、調整しているんだって。そうだとしたら、まさに自然の知恵だね。人間はこれと正反対のことをやっているよ。

今まで謎だったまん丸の傷あと

光る秘策

ダルマザメは、めくらめっぽうに魚に突撃するわけじゃない。ちゃんと策がある。ダルマザメの下腹部分は発光する。下から見ると、明るい海面にまぎれて姿を隠す効果をもたらす。だけど一部分だけ光らない。この小さな影の部分が、大きな魚からは、小魚のシルエットに見えるんだ。大きな魚はこれを食おうと浮上してくる。そこをねらってダルマザメは食いつく、というわけだ。うまいことをやるね。

刺胞動物

カツオノエボシ

ぷかぷか浮かぶ毒針兵器

DATA
- [分類] クダクラゲ目カツオノエボシ科
- [分布] 全世界のあたたかい海
- [環境] 海面
- [食べ物] 魚、小型の甲かく類

分布

気泡体の大きさ：約10cm
触手の長さ：最大50cm

危ないやつら 4

海岸に青いビニール袋のようなものが打ち上げられていることがある。それに触ってはだめ、絶対！この袋はカツオノエボシ。触手に毒針をもっている猛毒クラゲだ。人間が刺されると、場合によってはショック死することもある。毒をもつ生き物は、なにもたけだけしい姿をしていたり、毒々しい色とは限らない。こんな、一見無害なただの青い袋みたいなのが猛毒をもっていることもあるんだ。こいつはなにかに触れると毒針を自動的に発射する、いわば無差別兵器で、自分自身は遊泳能力をもたない。つまり、危険な毒針発射装置が、波まかせの風まかせで、ぷかぷか浮かんでいるわけだ。触手は異様に長く伸びることもあり、こいつが海に一匹ただよっているだけでもとても危険なのだ。本体が死んでもこの毒針は機能しているから、油断できない。

群体生物って？

殺傷兵器
ぶらり旅

都合上「一匹」と書いたけど、じつはカツオノエボシは一匹ではない。群れでできている。といってもにわかには理解できないよね。説明しよう！カツオノエボシは、じつは「ヒドロ虫」という生き物が集まって「合体」してできている。このヒドロ虫を「個虫」という。ごく大まかにいうと、この個虫が群体をつくり、それぞれがくっつきあって海面に浮かぶ浮き袋の部分や触手などになり、一匹の生物のように振る舞っているんだ。つまり個虫がそれぞれ役割分担しているわけだ。まるでいろいろな部門が集まってできている会社みたいだね。こういう生き物を「群体生物」とよぶんだ。

クラゲと烏帽子と軍艦と

烏帽子

昔のポルトガルの軍艦

カツオノエボシの「エボシ」は漢字で「烏帽子」と書く。昔の日本人が頭にかぶっていたものだ。なるほど、袋の部分に形が似ている。英名は「Portuguese Man O' War」。「ポルトガルの軍艦」という意味だ。カツオノエボシの浮き袋の部分が、大昔のポルトガルの軍艦に似ているところからきている。軍艦といっても、大昔だから、帆掛け船のことだ。

93

魚類

ヤツメウナギ

ウナギじゃない目

DATA
- [分類] ヤツメウナギ目ヤツメウナギ科
- [分布] 全世界の河川、海
- [環境] 川の底から深海まで
- [食べ物] 魚など

分布

全長：10〜100cm
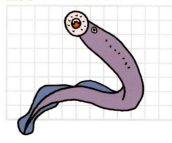

このページを開いて、すぐに閉じちゃったよい子もいるかもしれない。なにしろ、吸盤みたいな口に歯がずらりと生えているんだ。見ていると鳥肌が立ってくる。生き血でもすすりそうだ、なんて思うかもしれないね。うん、まったくそのとおりさ。ヤツメウナギは魚などに食いついてその体液を吸って生きる。ウナギがそんなことを!? と思うかもしれないけど、こいつは「ウナギ」と名前がついていても、ウナギとは縁もゆかりもない。大昔の特徴を残す「生きた化石」で、魚とすらいえないんだ。まずもってアゴがない。胸ビレも腹ビレもない。骨格もいたって貧弱だ。じゃあ、なんの生き物なんだといわれると、ヤツメウナギです、としか答えようがないほど珍しい生き物なんだ。いやがらないで左の写真をじっくり見てほしい。じっくりとだ。

魚にとっては大災難

ヤツメウナギはこの吸盤状の口でほかの魚に吸いついて、その体液を吸い取って生きる。口から消化液を出して魚の肉をとろかして、徐々に吸っていく種もいる。いやな食べ方だねえ。自分とさしてちがわない大きさの魚にも、遠慮なく食いつく。人間だったら水道管みたいな大きさの生き物に吸いつかれるようなことで、魚は大迷惑だ。でも手でつかんで引き離すわけにもいかない。文字どおり手も足も出ないんだ。こんな風に、ほかの生き物から栄養などをかすめ取って生きることを「寄生」という。ヤツメウナギは寄生性の生き物なんだ。

めいわくを
かえりみず
生きてます

へんなニュース
ヤツメウナギ料理

こんなヤツメウナギだけど、昔から、日本でも、外国でもいろいろな方法で料理されてきた。栄養豊富で、とくにビタミンAが豊富といわれるけど、度を超えて食べ過ぎるのは危険だという。中世イングランドの王様ヘンリー1世は、ヤツメウナギの食べ過ぎで死んだ、という言い伝えもあるんだ。ちなみに、徳川家康は天ぷらの食べ過ぎで死んだといわれてるけど、どちらも本当なのかな？

スターゲイザー

魚類

海の底の
うらみ顔

DATA
[分類] スズキ目ミシマオコゼ科
[分布] 東インド洋〜西太平洋
[環境] 海底の砂や泥の中
[食べ物] 小さな魚、甲かく類など

分布

全長：15〜30cm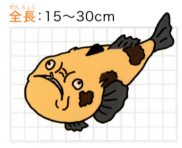

夏になると必ずやるよね、心霊写真特集。画面の隅に、不気味な顔が写ってたりするんだ。海に潜ったとき、こんな顔が目の前に現れたらどうする？ぎゃっ、水死者の霊が！ 君はあわてて浮上しようとして、手足をばたつかせるかもしれない。落ち着け、これはミシマオコゼ科の魚だ。砂に潜って顔だけだして、獲物の魚が来るのをじっと待つ、待ち伏せ型の狩猟者だ。下あごにヒラヒラしたヒモのような器官があり、こいつをくねくねとくねらせる。すると、それは魚の好物のイソメやゴカイなどにそっくりに見える。それを食べようと魚が寄ってくると、次の瞬間に魚はもう消えている。一瞬で食べられてしまうんだ。「スターゲイザー」っていうのは、英語で「星を見る者」という意味だ。とても詩的で美しいけど、うーん、だいぶイメージと違うなあ。日本では「メガネウオ」とよばれる。メガネをかけてるみたいだから、という単純きわまりない理由によるものだけど、これもなんかしっくりこないね。もっとこう、ぴったりの名前はないだろうか。たとえば「ウラミウオ」なんてのはどうかな？

オオカミウオ

怪物だけど神の魚

DATA
- [分類] スズキ目オオカミウオ科
- [分布] 北太平洋〜ベーリング海
- [環境] 海底の岩場
- [食べ物] 貝、甲かく類

分布

全長：最大100cm

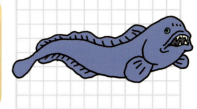

ぎょろりとした目。分厚い唇、巨大な体。口を開ければこぼれ出る乱杭歯。オオカミウオの顔つきは、どう見ても怪物だ。じつにふてぶてしい。いつも海底に寝そべっていて、貫禄をただよわせている。もはや泳ぐことなんかばからしくてやってられん、といった風情だ。生物学的には立派な魚だけど、もう、どうしても魚とは思えない。オオカミウオは、貝やカニをかみ砕いて食べる。頭骨を見ると、まさに肉食獣と同じような構造をしている。あごが強い力を発揮できるような骨格になっているんだ。そして強力な筋肉。オオカミウオって名前はだてじゃなかったんだね。ではオオカミウオは凶暴で、いつも荒れ狂っているような魚なのかというとまったくそんなことはない。とてもおとなしい性質で、攻撃的なところはなにもない。強いやつが凶暴、っていうのはたんなる思い込みだね。ちなみにオオカミウオは、アイヌの人々から「チップ・カムイ（神の魚）」とよばれ、豊漁の神様として大切にされてきたそうだ。

節足動物

ウデムシ

残忍で優しいママ

DATA

- [分類] ウデムシ目ウデムシ科
- [分布] 全世界の熱帯
- [環境] 森林
- [食べ物] 昆虫など

分布

体長：最大5cm

危ないやつら ④

カマ、ヤリ、ムチ……。体ごと完全武装したような生き物で、見ているだけで痛そうだ。サソリとクモとカマキリを合体させたような姿のこの異様な生き物は、ウデムシ。サソリモドキ、ヒヨケムシと並んで「世界三大奇虫」と称される、横綱級に珍しい生き物だ。ウデムシはその外見のイメージどおり、獲物を狩って食い殺す狩猟者だ。獲物はおもに昆虫類。洞くつなどにすみ、その拷問用具みたいな前足で獲物を捕まえると、バリバリと食べてしまう。昆虫に生まれなかったことに感謝したい。でも、全身を武器と装甲で固めた、非道な殺りくマシンみたいなこの生き物は、やさしいお母さんでもあるんだ。

武器だらけの狩猟者

射程距離を長くし、長いトゲを何本も生やした触肢は、狩猟一筋に進化した、すぐれた武器だ。これで獲物を捕まえ、鋏角といわれる牙で引き裂いてしまう。長いヒゲのようなものがあるが、触角ではない。足だ。これは感覚器官を備えたセンサーで、これで獲物の居場所を探知する。しかしどうしてこんなに長いんだろうか。ウデムシは夜行性で、湿った森林の中や、洞くつにすんでいる。こういう暗い条件下でも獲物を探せるように、足が触角の役目を果たすように進化したんだ。

生きることは殺すことなのよ

ほほえましい子育て

母と子の心あたたまる情景

こんな無情なハンターみたいなウデムシだけど、子育てはとてもていねいだ。ウデムシは卵からふ化した子どもたちを、背中におんぶする。そして子どもたちが一人立ちできるまで、大事に守り育てるんだ。ウデムシの背中に、小さなウデムシがうじゃうじゃと乗ってる光景には、鳥肌が立つかもしれないけど、これはやさしい母と子の情景でもあるんだ。とてもほほえましいよね。誰がなんといっても、ほほえましいよね。

99

魚類

オニダルマオコゼ

人を殺す岩

DATA
- [分類] カサゴ目オニオコゼ科
- [分布] インド洋〜西太平洋の熱帯域
- [環境] 浅い海のサンゴ礁や砂地
- [食べ物] 小魚、甲かく類など

分布

体長：25〜40cm

危ないやつら 4

どこになにがいるって？ え、どこどこ？ いくら見ても海底には岩があるだけだ。でも気持ちを落ちつけ、集中してよく見ると……おお、なんだこの顔は。オニダルマオコゼは岩に擬態する魚だ。岩に化けて海底でじっと待ち伏せ、獲物の魚がくると電光石火で飲み込む。それだけなら感心するだけですむけど、そうはいかない。ぼくらはこの岩のような魚に恐怖を覚えなきゃならない。この魚には猛毒があるからだ。うっかりこいつを踏んでしまうと、死の危険がある。なにしろこの毒は、魚類の中でももっとも強力な猛毒なんだ。背びれのとげに毒があって、神経の働きをだめにしてしまう作用がある。これに刺されると、あまりの痛みにわめきちらし、暴れ回る、などともいわれるほどの猛毒だ。岩に気をつけろ。

動機は不明

海外ではオニダルマオコゼを踏んで刺された人が死亡した例もあるんだ。なぜ、こんなにも強い毒をもつのか。そんな必要があるのか。どういう経緯で毒をもつに至ったのか。じつはよくわかっていない。

浅瀬にもいるから気をつけな

へんななかまたち

毒という道具

毒をもつ生き物はたくさんいる。身を守るために毒をもつものもいれば、獲物を狩るためにもつものもいる。「毒」なんていうと怖いけど、それを使うものにとってはとても役に立つ。生き物たちは、進化していく中で、「毒」というとても役に立つ武器をもつようになっていったんだ。だけど、自分の体内で毒をつくる場合、それをためたり、すぐに使えるような状態に保ちつづけるのは、とても大変なこと。それでも、獲物を捕まえたり、身を守れたりといった利益があるなら、結果的に得をするので毒をもつというわけだ。

体表に猛毒をもつヤドクガエル

魚類

シロワニ

ワニだけど、ワニじゃない

DATA
- [分類] ネズミザメ目オオワニザメ科
- [分布] 全世界のあたたかい海（沿岸）
- [環境] 海底の近く
- [食べ物] 魚、軟体動物、甲かく類

分布

全長：300〜350cm

シロワニは、ワニじゃない。サメのなかまだ。針を植えたような歯、焦点の定まらない目。いかにも凶悪な面がまえだ。今度こそ危険な人食いザメが登場か！？　そう思ったかい。いや、ちがう。まったくちがう。わざわざ人を獲物として襲うサメ、というのは基本的にはいないよ。シロワニもおもに魚やイカ、カニを食べ、人間を襲うことはきわめてまれの、とてもおとなしいサメだ。小笠原諸島には「シロワニと泳げるダイビングスポット」なんてのがあるくらいだ。顔が恐いと凶暴なんてことはないんだよ。君の近所にも、顔は恐いけどやさしいおっさんとか、一人ぐらいいるだろう？　そういうものさ。なーんだ、たいしたことはないんだね。君は胸をなでおろすだろう。でも、シロワニの子どもは共食いをするんだよ。お母さんのお腹の中で……。

生まれる前から弱肉強食

シビアすぎる兄弟ゲンカ

卵を産むもの、卵を体内でふ化させて子どもを産むもの、さらには体内で子どもを育てるものなど、サメの子どもの産み方には、いくつものパターンがあって複雑だ。こんな生き物はとても珍しい。そのなかでもシロワニは、「胎生」といって、メスが体内の子どもを育てる器官「子宮」で、子どもが大きくなるまで育てるタイプ。だが、6～8尾の子どもたちは、体内である程度まで大きく育つと共食いを始める。最後の1尾になるまで共食いを続けるので、生き残れるのは左右の子宮それぞれ1尾の計2尾だけだ。これを「子宮内共食い」という。共食いで生き残った子どもが生まれるときは、すでに1メートル近い大きさになっているよ。

へんななかまたち

サメの卵いろいろ

魚はふつう、メスが卵を産んでから、オスが卵に精子をかけて受精するけど、サメは交尾をするので、メスは受精した卵を産む。サメの赤ちゃんは産みつけられた卵の中で、卵黄から栄養分を吸収して成長する。

卵からふ化するナヌカザメのし魚。ナヌカザメの卵は、うすい袋のような形で、上下のつるでサンゴなどにからんで固定されるように産みつけられる。し魚は7～10か月でふ化する。

ネコザメの卵は丸くなくて、ねじのような形をしている。卵は岩のすき間や海底に埋めこまれ、ねじ山のような部分が引っかかることで、転がらずに固定される。し魚は1年ほどでふ化する。

ヒクイドリ

鳥類

出会ったら
静かに
逃げろ

DATA
- [分類] ヒクイドリ目ヒクイドリ科
- [分布] オーストラリア、ニューギニア
- [環境] 熱帯雨林
- [食べ物] 木の実、昆虫など

分布

全長：130〜170cm

危ないやつら ４

ヒクイドリは世界最大級の鳥だ。ふつうは全長130〜170センチメートル、体重は30〜60キログラムくらいだけど、最大で全長190センチ、体重85キロという記録があるという。1羽で君たち2人分ほどもある鳥なんだ。ダチョウに次いで、世界で2番目に大きな鳥だけあって巨大で、どっしりと重い。ただ、ダチョウと同じで、鳥なのに飛べない。これだけ大きくて重いと飛ぶことは難しいんだ。その代わり、ものすごく速く走る。その速度は最高で時速50キロメートルというから、自動車なみだ。そして、食べ物を探して1日に20キロメートルも歩いたりするよ。つまりものすごく足の力が強いんだ。ヒクイドリには気をつけなくちゃならない。なにしろヤツらはギネスブックから「世界で一番危険な鳥」と認められているんだ。

強烈キックに注意！

ヒクイドリは怒ると強烈な蹴りを放つ。うろこにおおわれ、がんじょうで、ナイフのような長いかぎ爪をもつこの足が、強大なパワーとスピードで繰り出されれば、よけるすべもない。人間がヒクイドリに蹴り殺された例もあるという。でもヒクイドリは獲物を狩るわけじゃないから、自分のほうから攻撃したりはしない。蹴りはあくまで身を守る手段だ。だからもしヒクイドリと出会ったら、愛想笑いなどしながら後ずさりし、静かにそうっと逃げよう。くれぐれも相手を驚かしてはいけない。

この足で蹴られることを想像してくれ

オカーサンってなーに？

男手ひとつで

鳥は一夫一妻制、つまりオスとメスがずっとつがいでいるものも多いけど、ヒクイドリはそうじゃない。メスは卵を産むと、さよならも言わず立ち去ってしまう。卵を温め、ヒナをかえして育てるのはオスの役目だ。ヒクイドリの育児は、みんなお父さんの仕事なんだ。

● コラム ● へんじゃない生き物

探してみよう身のまわりのへんな生き物

トラツグミのユニークなダンス

この本では世界中のへんな生き物を紹介していますが、へんな生き物は、じつは私たちの身のまわりでも見られます。

林のある公園などで冬ごしすることもあるトラツグミは、頭をぴたっと止めたまま、ダンスを踊るように体だけを上下左右に動かし、とてもユニークです。この動きによって、落ち葉の下にいるミミズなどの反応を感じ、捕らえると考えられています。川や池などで冬ごしするコガモのオスは、伸び上がったかと思うと、今度はヒップアップして美しい緑色の羽を見せ、メスに求愛します。

渡りの途中に公園に立ち寄ることもあるサンコウチョウ。オスの尾羽の飾り羽はとても長く、体の2倍以上もあります。ガのなかまであるアケビコノハの幼虫には目玉模様がありますが、まるでアニメに出てくるキャラクターのような目玉です。身近な鳥たちでもいろいろな行動を見せてくれるので、「へん」を探すのにいいですね。ほかにも見つかるかもしれません。さあ、へんな生き物を探しに出かけてみましょう！

サンコウチョウのオスの尾羽はとても長い

あ！カワイコちゃん！
ピョイッ
チラッ

アケビコノハの模様はとてもユニーク

第5章
だい　しょう

ケンカか握手か
あく しゅ

仲がいいもの、悪いもの。
なか　　　　　　　わる
敵か、それともパートナー？
てき
生き物同士の切っても切れない
い もの どう し　き　　　　き
へんな関係。
かん けい

甲かく類

カラッパ

缶と缶切りの関係

DATA
- [分類] 十脚目カラッパ科
- [分布] 全世界のあたたかい海
- [環境] 巻き貝など
- [食べ物] 浅い海の砂地

分布

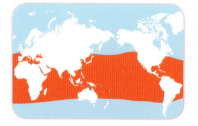

甲長：約10cm

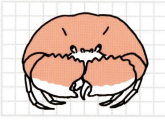

108

「缶切り」って使ったことある？ 缶詰なんかを開ける道具だよ。最近の缶詰は簡単に開けられるから、使ったことはないかもね。ひと昔前までは、缶詰を開けるには缶切りが必要だったんだ。カラッパというカニは、缶切りをもっている。缶じゃなくて貝をこじ開けるものだ。カラッパはおもに巻貝を食べるんだけど、貝の中のお肉をいただくためには、貝殻を割る必要がある。カラッパのはさみは、その貝の殻を割るためにできている。貝殻割り専用工具というわけだ。逆にいうと、それ以外のことはなにもできない。でもそれでいいんだ。考えてみてほしい。あの石みたいに固い貝の殻を、なんの苦もなく割ってしまうんだぜ。たいした力と器用さじゃないか。ほかのどの生き物にこんなことができる？

貝割り職人

カラッパの「缶切りバサミ」は、どうやって貝殻を割るんだろう。ハサミの突起を貝殻のふちにひっかけて、テコの原理で、パキン！ と割る。じつにうまくできているね。貝を食べる、という目的のために、自分自身が高度な道具となるような進化をとげたんだよ。巻貝は、身を守るために貝殻が強く固くなるように進化してきた。カラッパは、そんな固い貝殻を割れるように、さらにハサミを高度に専門化させてきた。お互いが、お互いを進化させてきた、ともいえるんだ。

さてここでクイズです

カラッパのハサミは、右側だけが缶切りみたいな形になっていますが、これはなぜでしょう？

答え。巻貝が右巻きだから、でした！ え？ わからないって？ ではここに巻貝の写真を載せておくので、上のイラストと見比べながらどういうことか、よーく考えてみてほしい。

魚類(ぎょるい)

エイリアンフィッシュ

体(からだ)を張(は)った口論(こうろん)

©Adriane Honerbrink

DATA

[分類(ぶんるい)] スズキ目コケギンポ科コケギンポ属
[分布(ぶんぷ)] 北(きた)〜中央(ちゅうおう)アメリカの太平洋沿岸(たいへいようえんがん)
[環境(かんきょう)] 貝殻(かいがら)やゴミのビン、缶(かん)をすみかにする
[食(た)べ物(もの)] 小型(こがた)の甲(こう)かく類(るい)、藻(も)など

分布(ぶんぷ)

体長(たいちょう)：最大(さいだい)30cm

ケンカか握手か

口っていうのは、考えると不思議な器官だね。考えてもみてくれ。ものを食べるところが、音声も発し、呼吸もし、荷物を運んだり、ものを作ったり、さらには武器にもなるんだからね。エイリアンフィッシュは、見た目は平凡な魚だ。海底の貝殻などをすみかにし、おとなしくくらしている。だが、なわばり性が強く、よそ者がなわばりに入ってくると、怪物みたいに変身する。ばかでかい口を開けて敵を追い払うんだ。え？ かみつくなんてふつうだって？ でもこの魚は、顔よりも口がでかいんだ。しかも趣味の悪い虹色だよ。エイリアンフィッシュは、こんな化け物じみた口で侵入者を威かくする。相手も負けじとビッグマウスで応戦だ。かくして壮大な口ゲンカがここにはじまる。口先だけの戦いだって？ そうだね、でもこれは命がけの口ゲンカなんだ。

口は災いのもと

この口ゲンカがエスカレートするとどうなるか。口論でおわるはずはもちろんない。はじまるのは口による闘争だ。針のような歯で互いを攻撃するんだ。相手が屈服するまで、口を閉じることはない。勝負に負ければ傷ついて引き下がる。「口は災いのもと」とはこのことだね。勝者は「口ほどにもないやつ」とか言って笑うんだろう。それにしてもなにもかも口で決着つけようというんだから、まったく開いた口がふさがらない。ちなみに「エイリアンフィッシュ」という名前は、あだ名のようなもので正式な和名はまだないよ。

大口たたくな！　大口たたくな！

へんななかまたち
日本にもエイリアンフィッシュがいる

オス同士の争い。開いた口がふさがらない

オスがメスに大口を開けて求愛。メスも大口を開けて応える

国内にも本州中部から九州にかけて、オオカズナギという大口の魚がすんでいる。この魚もエイリアンフィッシュと同じような「口対決」をする。大口を開けてお互いを威かくするんだ。でもこの魚、オスがメスに求愛、つまり愛を告白するときも、大口を開けて相手に迫るんだ。ケンカも愛の告白も、やってることはまったく同じ。君たち、もうすこし考えたらどうかな。

アオアシカツオドリ

鳥類

サンダルばきで
夫婦円満

DATA
- [分類] カツオドリ目カツオドリ科
- [分布] 北〜南アメリカの太平洋沿岸
- [環境] 島の地上で子育てする
- [食べ物] 魚

分布

全長：約80cm

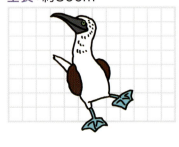

カツオドリは狩猟者だ。天空から、魚の群れめがけて、戦闘機のように急降下する。カツオドリの群れが海面に突っ込むようすは、まるで無数の矢が海に放たれるかのようだ。こんな狩りをする鳥は、いったいどんな鋭い顔つきなのかと思えば、おやまあ、なんだかかわゆいぞ。海での鋭い動きがウソのように、陸上では、よちよち歩き。なんだか知らないけど、のんびりとダンスをしているよ。これは、アオアシカツオドリの求愛。オスからメスへのアピールだ。ほかの鳥は、メスの気をひくために、美しく歌ったり、超絶的なダンスをしたり、さまざまな工夫を凝らしているのに、アオアシカツオドリの愛の踊りときたら、チータカタッタのよちよちダンス。君ら、こんなんでいいのか、と言いたくなってくるな。よけいなお世話だろうけどね。

青いほどモテる

アオアシカツオドリはその名のとおり、足が青い。まるで青いサンダルをはいてるみたいだ。いったいどうしてだろう？この青色は、新鮮な魚を常食にしていることからきているという。魚食で得られる「カロテノイド色素」の沈着が、この色をもたらす。そしてこの青色が明るくきれいなほど、その鳥の免疫状態が優れている、つまり病気にかかりにくい、健康で強い個体ということを示しているといわれている。早い話が、きれいなサンダルをはいてる者が、モテるってことなんだ。

ペンキで塗ったわけじゃありません

空飛ぶ漁師

地上とは段違いなこの動き

アオアシカツオドリはこう見えても立派な狩人だ。海面から30メートル、時には100メートルもの高さから、魚の群れめがけて海に突っ込む。その時の速度は時速100キロ近くにもなり、海に突っ込むと、25メートルもの深さまで潜水することができる。空中からいきなり海中に突入して、しかもねらいたがわず魚をとるというんだから、大変な能力だ。くちばしの根元の脇に鼻孔があり、水中にいる間は閉じる仕組みになっている。

シロヘラコウモリ

ほ乳類

白いけど
小さいけど
かわいいけど
コウモリです

DATA
- [分 類] コウモリ目ヘラコウモリ科
- [分 布] 中央アメリカ
- [環 境] 熱帯雨林
- [食べ物] 昆虫

分布

体長：3.7〜4.7cm
翼開張＊：最大24cm

＊翼を広げた大きさ
（右の写真を見てね）

ケンカか握手か

コウモリっていうと、なにを思いうかべる？ 人の生き血を吸う魔性の動物？ 夜を支配する魔物のしもべたち？ コウモリにはどうにも暗いイメージがつきまとうね。たしかに、昔の恐怖映画なんかには、洞くつや墓場でコウモリが「キイッ キイッ！」なんて鳴いてる場面がよくあったものさ。飛び方もなんだかほかの鳥とはちがうし、枝にぶらさがったりして、おせじにもさわやかとはいえない。まっ黒い夜の魔物、というのがコウモリのイメージだ。そんなコウモリのなかで、このシロヘラコウモリはどうだ。まっ白じゃないか。フワフワじゃないか。かわいいじゃないか。そして洞くつじゃなくて、なぜか葉っぱの裏で身を寄せ合っている。でもなんだって君たちゃ、よりにもよってまっ白なんだ？ これじゃ目立ってしょうがないぞ。

白い理由

シロヘラコウモリが白いのは、目立つためじゃない。その逆で、身を隠すために白い色をしているんだ。シロヘラコウモリは、昼間は葉っぱのかげに集まっている。葉脈をかじって折り曲げ、テント代わりにしているんだ。こうやって天敵から身をまもっているんだね。まっ白である理由はそこにある。もし彼らの色が黒だったら、その姿が葉っぱを透かして、黒いシルエットとなって見えてしまう。だから彼らは白いんだ。白なら光が反射して、黒い影はできないからね。

へんななかまたち
飛ぶほ乳類

世界最大級のインドオオコウモリ
（翼開張200cm、体重1.5kg）

世界最小のキティブタバナコウモリ
（翼開張15cm、体重1.5〜2g）

コウモリは全世界に約1300種（日本では35種）もいて、昆虫を食べるもの、果実を食べるもの、魚を捕らえるものなど、さまざまなタイプがいる。ほ乳類ではネズミに次ぐ種の多さで、大昔の学者にはコウモリを「翼をもつネズミ」とよんだ人もいるよ。たしかにそんな感じがするね。

魚類

インドオニアンコウ

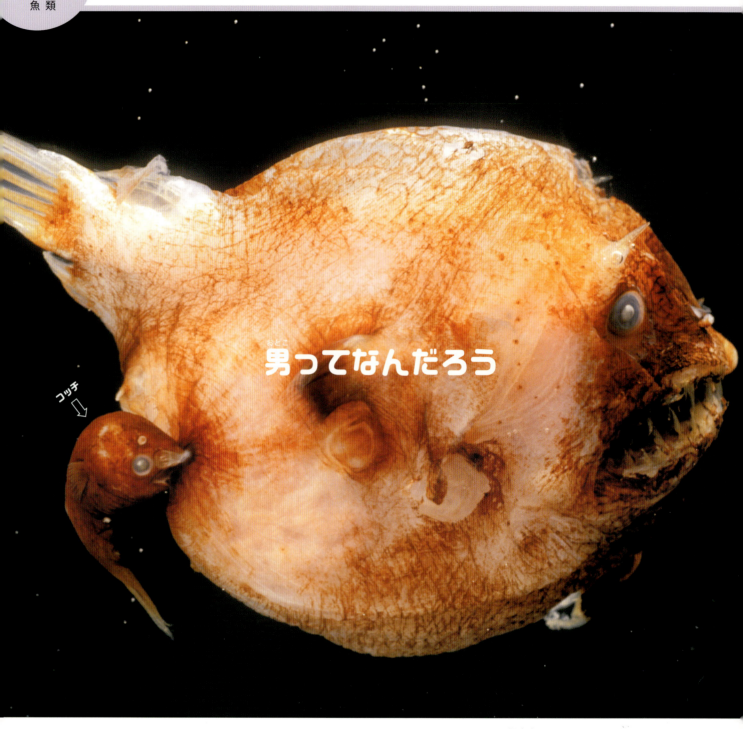

男ってなんだろう

コッチ →

DATA

[分類] アンコウ目オニアンコウ科
[分布] 全世界のあたたかい海
[環境] 深海
[食べ物] 魚、プランクトン

分布

体長：オス 0.75〜1.5cm
　　　 メス 3〜5.1cm

116

ケンカか握手か 5

男は強く、大きく、たくましく……なんて、いまだに言う人がいる。でも、もし男が女よりずっと小さかったらどうだろう？ 男がカエルとかカブトムシぐらいの大きさだったら、女の人はどう思うかな？ 自然界にはそういうことがある。深海魚の一種、オニアンコウのオスは、メスにくらべて、けたはずれに小さい。そしてこの極端に大きさのちがう2匹は、奇妙な形でつがいとなる。光もない、食べ物も少ない、暗黒の凍りつくような深海では、同じ種の生き物同士が出会うこと自体がとてもまれだ。だからオスとメスが出会ったら最後、2匹は二度と離れないようになるんだ。え？ 婚約でもするのかって？ いやいや、もっともっと深い関係になるんだ。2匹の体は融合してしまうんだ。2匹がくっつきあって、1匹の生き物になってしまうんだよ。

矮小なオス

オスは、深海を泳ぎ、メスを見つけるとその体にぱくっと食いつく。これが彼らの「結婚」だ。その後、オスは目も、消化器官も徐々になくし、メスの体とくっつきあい、メスから栄養をもらう状態になる。つまりメスに「寄生」する形になる。そしてオスは、メスに精子を提供するだけの存在となる。オスの精子とメスの卵子が一緒になって、子どもはできるんだ。オスはそのための器官と成り果て、もう自由に泳ぐことはないんだ。オスは役割を終えると、徐々にメスの体にとりこまれ、やがてただのいぼのようになってしまうという。

メスに食いついたインドオニアンコウのオス

合理的な悲しさ

メスよりも極端に小さいオスを「矮小雄」というよ。「矮小」っていうのは、ちっぽけという意味さ。メスが大きく、オスが小さくなるのは、メスは繁殖に大きなエネルギーを使うためだといわれている。オスにも栄養を与えなければならない。そのために力をためておかなければならないからね。それにしても、メスの体の一部、一器官になって生涯を終えるなんて、哀しい話だね。でもそれは人間の感傷というもの。生き物にとって大切なのは、今の自分の生命よりも次の世代の生命なんだ。

キバアンコウのオスもやはり小さい

←メス

扁形動物

ロイコクロリディウム

生きているけど、
死んでいる

©（公財）目黒寄生虫館

DATA
[分類] 有壁吸虫目ロイコクロリディウム科
[分布] 北〜南アメリカ、ヨーロッパ
[環境] カタツムリや鳥の体内
[食べ物] カタツムリや鳥の体液

分布

全長：1cm未満
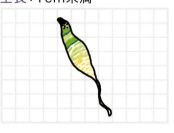

ホラー映画やゲームに出てくるゾンビ。空想のものだと思っているかい？ちがうんだ。実際にいるんだよ。カタツムリのゾンビだ。ロイコクロリディウムという寄生虫は、カタツムリに寄生する。「寄生」っていうのは、生き物がほかの生き物にとりついて、栄養をうばって生きることだ。ロイコクロリディウムに寄生されると、カタツムリの触角は、グロテスクな形に変わってしまう。太くなり、色とりどりの模様ができ、さらに伸び縮みして派手に動き回る。遠目で見ると、まるでイモムシみたいだ。葉っぱのかげに隠れていたカタツムリは、なにを思ったか、こんな姿で、ふらふらと外へ出てくる。そして鳥に食われてしまうんだ。カタツムリは変わり果てた姿となって、天敵に見つかりやすい位置へわざわざやってくる。いったい、なにが起こったんだろう？

悪魔の戦略

左が正常な触角で、右が寄生された触角

©(公財)目黒寄生虫館

変形したカタツムリの触角をイモムシと思いこみ、鳥はカタツムリを食べてしまう。こうしてロイコクロリディウムは、鳥の体内に入りこむことに成功する。そして鳥の栄養を横どりしつつ成長していき、やがて卵を産む。卵は鳥のフンにまじって、あちこちに落とされる。カタツムリは葉っぱなどを食べるとき、この寄生虫まじりのフンも一緒に食べてしまう。そしてカタツムリはまたもやロイコクロリディウムに寄生される……。こういうことをくりかえして、この寄生虫はすみかを広げていくんだ。カタツムリをタクシー代わりに、鳥を飛行機代わりに使っての、悪魔の旅。カタツムリは寄生虫に出会い、生きながら死んだような存在になったといえるかもしれない。まるでゾンビになったかのように。

へんななかまたち
生きながら死ぬ運命

きれいなのか汚いのか、よくわからない名前の、エメラルドゴキブリバチ

ロイコクロリディウムは鳥に寄生する。そこにたどりつくために、まずカタツムリを利用し、使い捨てにする。なんと巧妙で悪魔的な手口だろう。でも、こういうやり口をもつ生き物はほかにもいる。エメラルドゴキブリバチは、ゴキブリに卵を産みつける寄生バチだ。幼虫のために、ゴキブリを生きた食べ物にする。ゴキブリの脳に外科手術のような正確さで毒を注入し、ゴキブリの動きをコントロールしてしまうんだ。ゴキブリは抵抗することなくハチの巣穴に連れていかれ、卵を産みつけられて幼虫の食べ物にされてしまう。残酷で、冷酷で、合理的。これが、自然の世界なんだ。

ハリガネムシ

類線形動物

悪魔の 知恵を もつ針金

DATA
- [分類] ハリガネムシ目
- [分布] 世界各地
- [環境] 昆虫の体内
- [食べ物] 昆虫の体液

分布

全長：10〜40cm

カマキリは、ほかの昆虫を捕まえて食い殺す、肉食昆虫だ。強い。たいていの昆虫にくらべたら、圧倒的に強い。みんなそう思ってるんじゃないかな。でもそのカマキリより強い虫がいる。それはなにか？ 答えは針金だ。正確にいうと、どこから見てもたんなる針金にしか見えない、ハリガネムシという寄生虫だ。こいつはカマキリやコオロギ、カマドウマなどのお腹の中にすみついて、栄養分をうばってぬくぬくと生きる。それだけじゃない。ハリガネムシは寄生した虫の行動をコントロールするんだ。ハリガネムシに寄生された虫は、もう自分が自分でなくなってしまう。あやつり人形にされてしまうんだ。本当に、そんなことがあるのだろうか？ そう、あるんだよ。うわさや伝説じゃなくて、本当なんだ。

悪魔ばらいの方法

カマキリのお腹を水につけてやる。するとカマキリのお尻から、長いハリガネのようなものが出てきて、水の中をのたうちまわる。ハリガネムシは水中にいて、まず、水中にいる昆虫、カゲロウやユスリカの幼虫の中に入りこむ。この昆虫が羽化、つまり成虫になって飛び立つと、今度は、その成虫はカマキリに捕まって食われてしまう。じつはこれがねらいだ。ハリガネムシは、食われることでまんまとカマキリに寄生する。そして、カマキリの栄養分を横どりして、お腹のなかでどんどん成長していく。カマキリは死んだも同然だ。

オオカマキリの腹から出てきたハリガネムシ

カマキリの自殺？

オレはどうして川へ来たのだろう……

ある時期になると、カマキリはなんの用もないのに水辺に行く。そして入水自殺でもするかのように、水の中にとびこんでしまう。ハリガネムシがカマキリをコントロールするメカニズムは、長いことわからなかった。でも近年の研究により、ハリガネムシがカマキリの脳に、ある種のタンパク質を注入して、その行動をあやつっているらしいことがわかってきた。こんな、たんなる細いハリガネみたいな生き物に、そんな悪魔の知恵があるんだ。

刺胞動物

サカサクラゲ

まわりとくらべて　種類がなかま

DATA
- [分類] クラゲ目サカサクラゲ科
- [分布] 大西洋西部、メキシコ湾、カリブ海
- [環境] 浅い海（海底にいることが多い）
- [食べ物] プランクトン

分布

傘径：約25cm
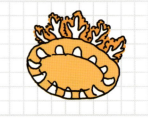

生き物が、別の生き物に害を与えて利用するのが、寄生だ。でも、生き物と別の生き物が助け合ってくらすという、まったく逆の場合もある。これを「共生」という。助け合いの心、いいよね。なかよきことは美しきかな。でも別にそういう心温まる話じゃあないんだ。たんにお互いに得をするからやっているだけのこと。それでもなんだか、ちょっとほほえましいね。自然界に共生の例はいろいろあるけど、最後にクラゲと藻の共生をご紹介しよう。サカサクラゲは、その名のとおり、逆さまになってくらすクラゲだ。ほかの多くのクラゲのように、水中をフワフワただようことは少なく、ふだんは水底に逆さまになり、傘を閉じたり、開いたりを繰り返している。しかしなんだって逆さまなんだ。なにかがまちがっているんじゃないか？

逆さの理由

このクラゲには「褐虫藻」とよばれる藻類、つまり藻の一種がすみついている。褐虫藻はクラゲの体内で、「光合成」を行い、栄養分をつくり出す。サカサクラゲは、この栄養分をエネルギーとして利用している。サカサクラゲが逆さまになる理由はこれだ。つまり褐虫藻が光合成するため、太陽の光をよくあてるために逆さまになっているんだ！褐虫藻のほうは、クラゲが出す二酸化炭素を利用して増える。クラゲは栄養分を、褐虫藻は光と二酸化炭素をお互いに補い合っているわけだ。なるほど、理にかなっているけど、なんだかじつにまわりくどいね。

逆さまの逆さま

へんななかまたち

いろいろな共生

共生の例として、ヤドカリとイソギンチャクの関係が有名だ。ヤドカリのなかには、貝殻にイソギンチャクをくっつけているなかまがいる。イソギンチャクは「刺胞」とよばれる毒針をもっているので、ヤドカリはイソギンチャクを防衛兵器とし、タコなどの天敵から身を守ることができる。一方、イソギンチャクはヤドカリのおかげで移動でき、またヤドカリから食べ物のおこぼれをちょうだいすることもできる。こんな風に互いが互いを利することを「相利共生」という。一方、共生する生き物のうち、片方だけが得をして、もう片方は損も得もないという関係もある。カクレウオは、ナマコなどに隠れて身を守るけど、ナマコにはなんの得もない。これを片方だけが得する共生、「片利共生」とよぶ。

イソギンチャクを体じゅうにつけたソメンヤドカリ

ナマコの肛門から顔を出すカクレウオ

● おわりに ●

ゾウって動物、知ってるよね。当たり前だよね。

でも、もしゾウを全然知らない国の、ゾウを全然知らない人がいたとしたら、どうだろう。ゾウをどうやって説明しようか？　体重が5トン、自動車約5台分。鼻が洗濯機のホースみたいに長くって、それが器用にくねくね動き、食べ物を口に運んだり、水を浴びたりする。足は丸太みたいで、曲芸もやったりするよ。

「そんな動物いるわけないよ！」ゾウを知らない国の人は、そう言うかもしれない。「鼻でものをつかむだって？　あはははは」って大笑いするかもしれないね。「ゾウを知らない人なんていないよ！」って君は言うかもしれない。でもそれは、動物園やテレビで見られるからであって、そういうものがなかったら、はるか遠い国にいるゾウなんて動物、知ることもできなかっただろう。実際、昔の日本人はゾウなんて知らなかった。

今はみんながゾウを知っている。ごくふつうにいる、当たり前の動物だと思っている。でも、考えるとゾウはすごくへんな生き物だよね。長～い長い鼻が顔にぶら下がってて、そいつが腕みたいに動いてものをつかむ。恐竜みたいにどでかくて、皮は分厚く、おまけに鳴き声は「ぱおー」だ。すごく、へんだ。

そう考えると、キリンだってすごくへんだ。なにしろ、ろくろ首みたいに首があんなに長いんだからね。タコだって、ワニだって、シカだって、ゴリラだって、パンダだって、ヘビだって、すごくへんだ。パンダなんてまるでヌイグルミみたいだし、ヘビなんて手も足もないんだよ。ありえない！

だけど、ぼくらは、ゾウもキリンも、タコもワニもシカもゴリラも、パンダもヘビもへんな生き物とは思わない。子どもの頃から見慣れてるからだ。でも、姿かたちのまるでちがう、そして、驚くような能力をもった生き物たちが、こんなにもたくさんいるなんて、よく考えたらものすごいことだ。こういう、いろいろな生き物の種類がたくさんいることを、生き物の「多様性」というんだ。「多様性」は、何十億年という時の流れが生み出した、地球の奇跡だ。

アニメやマンガには魔法ってよく出てくるよね。あれが空想であることはみんな知っている。だけど、魔法は現実にあるんだ。この、生き物の多様性がそれさ。超能力みたいな力をもった生き物や、信じられないような生き方をする生き物たち。生き物たちの存在は魔法そのものだと思わないかい？

ぼくたちは、魔法が飛び交う、奇跡の惑星にすんでいるんだ。　　　　　　早川いくを

おもな参考文献・資料：

『動物大百科』、『日本動物大百科』（平凡社）

『週刊朝日百科 動物たちの地球』（朝日新聞社）

『ずかん ヘンテコ姿の生き物』今泉忠明 監修（技術評論社）

『日本産魚類検索 全種の同定』中坊徹次 編（東海大学出版会）

『深海と深海生物 美しき神秘の世界』JAMSTEC 監修（ナツメ社）

『深海魚 暗黒街のモンスターたち』、『深海魚ってどんな魚-驚きの形態から生態、利用』尼岡邦夫 著（ブックマン社）

『深海生物大事典』佐藤孝子 著（成美堂出版）

『世界の美しい透明な生き物』武田正倫・西田賢司 監修（エクスナレッジ）

『世界イカ類図鑑』奥谷喬司 著（成山堂）

『世界で一番美しいイカとタコの図鑑』峯水亮 解説・窪寺恒巳 監修（エクスナレッジ）

『日本クラゲ大図鑑』峯水亮・久保田信・平野弥生・D.リンズィー 著（平凡社）

『エビ・カニガイドブック』（阪急コミュニケーションズ）

『サメガイドブック−世界のサメ・エイ図鑑』A.フェッラーリ 著・谷内透 監修（阪急コミュニケーションズ）

『毒々生物の奇妙な進化』クリスティー・ウィルコックス 著・垂水雄二 訳（文藝春秋）

『生物学の哲学入門』森元良太／田中泉吏 著（勁草書房）

『コウモリのふしぎ』船越公威・福井大・河井礼仁子・吉行瑞子 著（技術評論社）

『寄生蟲図鑑』目黒寄生虫館 監修（飛鳥新社）

『へんないきもの』、『またまたへんないきもの』早川いくを 著（バジリコ）

『へんな生きもの へんな生きざま』早川いくを 著（エクスナレッジ）

□Encyclopedia of Life
　http://eol.org/

□BISMaL
　http://www.godac.jamstec.go.jp/bismal/j/

□ナショナルジオグラフィック日本版サイト
　http://natgeo.nikkeibp.co.jp/

写真・資料協力：

大泉宏 (p.47上)、岡野哲也 (p.46)、環境水族館アクアマリンふくしま (p.16)、郡司芽久 (p.36)、須黒達巳 (p.27下2点)、高久至 (p.47下)、髙野丈 (p.62下、p.106すべて)、中島宏章 (p.62上)、真木久美子 (p.39下左、p.111下2点)、松村伸夫 (p.88下2点)、(公財)目黒寄生虫館 (p.118、119上)、Adriane Honerbrink (p.110)、Andrey Starostin / PIXTA (p.95下)、Caters News Agency (p.66)、Jennifer Strotman / Smithsonian Institution(p.90)、Jurgen Otto (p.74、75)、MBARI (p.20、p.21上、p.86、87)、Mehgan Murphy, Smithsonian's National Zoo (p.50)、NOAA (p.90)、NOBU / PIXTA (p.12)、Oceanlab, University of Aberdeen, UK (p.67)、Oregon State Police (p.11下)、photolibrary (p.48)、pkproject / PIXTA (p.109)、U.S. Navy (p.11上)

以下はすべてアマナイメージズ提供

阿部秀樹 / Nature Pro. (p.21下)、今森光彦 / Nature Pro. (p.27上2点、58、59下)、内山りゅう / Nature Pro. (p.49、120)、海野和男 / SEBUN PHOTO (p.23中下、55上)、大方洋二 / Nature Pro. (p.83下、100)、大塚高雄 / Nature Pro. (p.81)、草садハ慎二 / Nature Pro. (p.35中2点、39下右)、小林安雅 / Nature Pro. (p.34、35上、35下右、103左、108)、小松貴 / Nature Pro. (p.26)、小宮輝之 / Nature Pro. (p.33下)、菅原美恵子 / SEBUN PHOTO (p.88中)、髙野丈 / Nature & Science (p.29上2点)、武内 宏司 / マリンプレスジャパン (p.102、103右)、中野誠志 / Nature Pro. (p.35下左)、中村庸夫 / Nature Pro. (p.79下)、松香健次郎 / Nature Pro. (p.54)、松沢陽士 / Nature Pro. (p.94)、

峯水亮 / Nature Pro. (p.78)、村上文彦 / SEBUN PHOTO (p.93下左)、森 文俊 / Nature Production (p.97)、森上信夫 / Nature Pro. (p.121下)、安田守 / Nature Pro. (p.55下左、76、77上)、山本恒郎 / SEBUN PHOTO (p.41上)、山本典英 / Nature Pro. (p.79上、123中)、吉野雄輔 / Nature Pro. (p.101上)、和久井 敏夫 / Nature Pro. (p.57上下)、Albert Lleal / Minden Pictures (p.53下右)、Alex Mustard / NaturePL (p.92)、Andres M. Dominguez / BIA / Minden Pictures (p.53下左)、Anup Shah / NaturePL (p.36上)、Axel Gomille / NaturePL (p.115左)、BIRRRD / SEBUN PHOTO (p.88上)、Charlie Summers/ NaturePL(p.36中)、Chien Lee / Minden Pictures (p.8、77右)、Chris and Tilde Stuart / FLPA / Minden Pictures (p.33上)、Christian Ziegler / Minden Pictures (p.29下2点、123上)、Christophe Courteau / NaturePL (p.70)、Constantinos Petrinos / NaturePL (p.45下、84)、D.Parer & E.ParerCook / Nature Pro. (p.40)、Daniel Heuclin / Nature Production (p.98)、Daniel Selmeczi / stevebloom (p.64、65上)、Dante Fenolio / Photo Researchers (p.19上)、Dante Fenolio / Science Source (p.19下)、Dave Watts / Nature Pro. (p.41下、68、104)、Dave Watts / NHPA / AVALON (p.69)、David Tipling / Nature Pro. (p.83上)、David Wrobel / Visuals Unlimited (p.17)、Denis-Huot / NaturePL (p.32)、DR MORLEY READ / SPL (p.65下)、Dr. Merlin D. Tuttle / Science Source (p.115右)、Dr. Paul A. Zahl / Science Source (p.71下右)、Edwin Giesbers / NaturePL (p.25下左)、Emanuele Biggi / FLPA / Minden Pictures (p.119下)、EYE OF SCIENCE / SPL (p.56)、Frans Lanting (p.36中、113上)、Gary K Smith / FLPA / Minden Pictures (p.52)、George G. Lower / Science Source (p.93上)、Georgette Douwma / NaturePL (p.39上中左、44)、Gerard Lacz / NHPA / AVALON (p.25下右)、Glen Threlfo / AUSCAPE (p.83中)、Hans Leijnse / NiS / Minden Pictures (p.122)、Image Quest Marine / NHPA / AVALON (p.91)、Inaki Relanzon / NaturePL (p.22)、Ingo Arndt / NaturePL (p.101下)、Jany Sauvanet / NHPA / AVALON (p.14)、Jeff Rotman / NaturePL (p.39上右)、John Cancalosi / NaturePL (p.42、43、p.99上)、Jouan & Rius / NaturePL (p.114)、Jurgen Freund / NaturePL (p.39上左、39上中右、123下)、Ken Catania / Visuals Unlimited, Inc. (p.61上)、Kevin Schafer / Minden Pictures (p.105上)、MANABU / Nature Pro. (p.13上、121上)、Marie Read / NaturePL (p.41中)、Mark Carwardine / Nature Pro. (p.9左)、Martin Harvey / NHPA / Photoshot (p.73上下)、Martin Willis / Minden Pictures (p.105下)、Michael and Patricia Fogden / Minden Pictures (p.55下中左)、Milse, T. / juniors@wildlife / NHPA / Photoshot (p.72)、NaturePL / Nature Pro. (p.13下)、Nick Garbutt / NaturePL (p.9右、23上)、Norbert Wu / Minden Picture (p.18、71下左、80、116、117上)、Paulo de Oliveira / NHPA / AVALON (p.95上)、Pete Oxford / Minden Pictures (p.55右)、Pete Oxford / NaturePL (p.15、25上)、Piotr Naskrecki / Minden Pictures (p.99下)、Reg Morrison / AUSCAPE (p.59上)、Richard Herrmann / Visuals Unlimited, Inc. (p.111上)、Roland Seitre / NaturePL (p.30)、S & D & K Maslowski / FLPA (p.61下)、Solvin Zankl / NaturePL (p.45上、71上、117下)、Stephen Dalton / Minden Pictures (p.55下中右)、The Trustees of the Natural History Museum, London (p.77左)、Thomas Marent / Minden Pictures (p.24、28、82)、Todd Pusser / NaturePL (p.60)、Tom McHugh / Science Source (p.10)、Tony Wu / NaturePL (p.38)、Tui De Roy / Minden Pictures (p.53上、112)、Wahrmut Sobainsky / NiS / Minden Pictures (p.96)、Winfried Wisniewski/ Foto Natura / Minden Pictures (p.113下)、World History Archive / TopFoto (p.93下右)

● さくいん ●

あ

アイアイ‥‥‥‥‥‥‥‥‥‥‥ 8
アオアシカツオドリ‥‥‥‥‥‥ 112
アオアズマヤドリ‥‥‥‥‥‥‥ 82
アカカザリフウチョウ‥‥‥‥‥ 88
アケビコノハ‥‥‥‥‥‥‥‥‥ 106
アフリカハイギョ‥‥‥‥‥‥‥ 48
アマミホシゾラフグ‥‥‥‥‥‥ 83
アリカツギツノゼミ‥‥‥‥‥‥ 26
アリグモ‥‥‥‥‥‥‥‥‥‥‥ 27
アングレカム・セスキペダレ‥‥‥ 77
イイダコ‥‥‥‥‥‥‥‥‥‥‥ 39
インドオオコウモリ‥‥‥‥‥‥ 115
インドオニアンコウ‥‥‥‥‥‥ 116
ウデムシ‥‥‥‥‥‥‥‥‥‥‥ 98
ウマノオバチ‥‥‥‥‥‥‥‥‥ 76
ウミグモ‥‥‥‥‥‥‥‥‥‥‥ 70
ウロコフウチョウ‥‥‥‥‥‥‥ 88
エイリアンフィッシュ‥‥‥‥‥ 110
エメラルドゴキブリバチ‥‥‥‥ 119
オオイカリナマコ‥‥‥‥‥‥‥ 78
オオウミグモ‥‥‥‥‥‥‥‥‥ 71
オオカズナギ‥‥‥‥‥‥‥‥‥ 111
オオカマキリ‥‥‥‥‥‥‥‥‥ 121
オオカミウオ‥‥‥‥‥‥‥‥‥ 97
オオグチボヤ‥‥‥‥‥‥‥‥‥ 16
オオタチヨタカ‥‥‥‥‥‥‥‥ 55
オオミミトビネズミ‥‥‥‥‥‥ 30
オニダルマオコゼ‥‥‥‥‥‥‥ 100

か

カエルアンコウ‥‥‥‥‥‥‥‥ 34
カクレウオ‥‥‥‥‥‥‥‥‥‥ 123

カササギフエガラス‥‥‥‥‥‥ 41
カサネイソギンチャク‥‥‥‥‥ 85
カタバミ‥‥‥‥‥‥‥‥‥‥‥ 29
カツオノエボシ‥‥‥‥‥‥‥‥ 92
カモノハシ‥‥‥‥‥‥‥‥‥‥ 68
カラッパ‥‥‥‥‥‥‥‥‥‥‥ 108
カレハカマキリ‥‥‥‥‥‥‥‥ 54
カレハバッタ‥‥‥‥‥‥‥‥‥ 55
カワセミ‥‥‥‥‥‥‥‥‥‥‥ 88
キサントパンスズメガ‥‥‥‥‥ 77
キティブタバナコウモリ‥‥‥‥ 115
キバアンコウ‥‥‥‥‥‥‥‥‥ 117
キリン‥‥‥‥‥‥‥‥‥‥‥‥ 36
キリンクビナガオトシブミ‥‥‥ 22
キンイロジャッカル‥‥‥‥‥‥ 13
キンチャクガニ‥‥‥‥‥‥‥‥ 84
クサウオ科の一種‥‥‥‥‥‥‥ 67
クマムシ‥‥‥‥‥‥‥‥‥‥‥ 56
グラスキャットフィッシュ‥‥‥ 25
グラスフロッグ‥‥‥‥‥‥‥‥ 24
クロオオアリ‥‥‥‥‥‥‥‥‥ 27
コガモ‥‥‥‥‥‥‥‥‥‥‥‥ 106
コツチバチ‥‥‥‥‥‥‥‥‥‥ 29
コテングコウモリ‥‥‥‥‥‥‥ 62
コトドリ‥‥‥‥‥‥‥‥‥‥‥ 40
コノハチョウ‥‥‥‥‥‥‥‥‥ 55
コノハヒキガエル‥‥‥‥‥‥‥ 55
コモリガエル‥‥‥‥‥‥‥‥‥ 14

さ

サカサクラゲ‥‥‥‥‥‥‥‥‥ 122
サバクツノトカゲ‥‥‥‥‥‥‥ 42
サンコウチョウ‥‥‥‥‥‥‥‥ 106

シデムシ ・・・・・・・・・・・・・・・・・・・・・ 13
シロヘラコウモリ ・・・・・・・・・・・・・・ 114
シロワニ ・・・・・・・・・・・・・・・・・・・・・ 102
スターゲイザー ・・・・・・・・・・・・・・・ 96
ソメンヤドカリ ・・・・・・・・・・・・・・・・ 123

た

ダイオウグソクムシ ・・・・・・・・・・・・ 12
ダルマザメ ・・・・・・・・・・・・・・・・・・・ 90
タンチョウ ・・・・・・・・・・・・・・・・・・・・ 88
チョウゲンボウ ・・・・・・・・・・・・・・・ 62
チョウチンアンコウ ・・・・・・・・・・・・ 19
ツチブタ ・・・・・・・・・・・・・・・・・・・・・ 32
ツマジロスカシマダラ ・・・・・・・・・・ 25
デメニギス ・・・・・・・・・・・・・・・・・・・ 20
トゲツノゼミ ・・・・・・・・・・・・・・・・・・ 27
トビイカ ・・・・・・・・・・・・・・・・・・・・・ 46
トラツグミ ・・・・・・・・・・・・・・・・・・・ 106

な

ナヌカザメ ・・・・・・・・・・・・・・・・・・・ 103
ニュウドウカジカ ・・・・・・・・・・・・・・ 66
ヌタウナギ ・・・・・・・・・・・・・・・・・・・ 10
ネコザメ ・・・・・・・・・・・・・・・・・・・・・ 103

は

ハープスポンジ ・・・・・・・・・・・・・・・ 86
ハダカデバネズミ ・・・・・・・・・・・・・ 50
バットフィッシュ ・・・・・・・・・・・・・・ 64
ハナカマキリ ・・・・・・・・・・・・・・・・・ 28
ハリガネムシ ・・・・・・・・・・・・・・・・・ 120
ハンマーオーキッド ・・・・・・・・・・・ 29
ピーコックスパイダー ・・・・・・・・・・ 74

ヒクイドリ ・・・・・・・・・・・・・・・・・・・・ 104
ピンポンツリー・スポンジ ・・・・・・・・ 87
フクロウナギ ・・・・・・・・・・・・・・・・・ 18
ホウライエソ ・・・・・・・・・・・・・・・・・ 19
ホシバナモグラ ・・・・・・・・・・・・・・・ 60
ホタルイカ ・・・・・・・・・・・・・・・・・・・ 21
ホットリップ ・・・・・・・・・・・・・・・・・・ 65

ま

ミズカキヤモリ ・・・・・・・・・・・・・・・ 72
ミツツボアリ ・・・・・・・・・・・・・・・・・・ 58
ミミックオクトパス ・・・・・・・・・・・・・ 38
ムナグロシラヒゲドリ ・・・・・・・・・・・ 41
ムラサキシャチホコ ・・・・・・・・・・・ 55
ムラサキダコ ・・・・・・・・・・・・・・・・・ 39
メリベウミウシ ・・・・・・・・・・・・・・・ 80
メンフクロウ ・・・・・・・・・・・・・・・・・ 52
モンハナシャコ ・・・・・・・・・・・・・・・ 44

や

ヤツメウナギ ・・・・・・・・・・・・・・・・・ 94
ヤドクガエル ・・・・・・・・・・・・・・・・・ 101
ヤマトメリベ ・・・・・・・・・・・・・・・・・ 81
ヨロイウミグモ ・・・・・・・・・・・・・・・ 71

ら

ロイコクロリディウム ・・・・・・・・・・・ 118

わ

ワライカワセミ ・・・・・・・・・・・・・・・・ 41

監修者　今泉忠明（いまいずみただあき）
1944年東京都生まれ。東京水産大学(現 東京海洋大学)卒業。国立科学博物館で哺乳類の分類学・生態学を学ぶ。文部省(現 文部科学省)の国際生物計画(IBP)調査、環境庁(現 環境省)のイリオモテヤマネコの生態調査などに参加する。トウホクノウサギやニホンカワウソの生態、東京・奥多摩や富士山麓の動物相、トガリネズミをはじめとする哺乳類の生態、行動などを調査している。上野動物園で動物解説員を務め、現在、静岡県伊東市にある「ねこの博物館」館長。主な著書に『アニマルトラック&バードトラックハンドブック』(自由国民社)、『進化を忘れた動物たち』(講談社)、『地球絶滅動物記』(竹書房)、『野生ネコの百科』(データハウス)、『猫 かわいいネコには謎がある』(講談社)、『猛毒動物最恐50』(ソフトバンククリエイティブ)、『巣の大研究』(PHP研究所)、『小さき生物たちの大いなる新技術』(KKベストセラーズ)、『飼い猫のひみつ』(イースト・プレス)など。

著者　早川いくを（はやかわいくを）
著作家。1965年東京都生まれ。多摩美術大学卒業。著書にベストセラーとなった『へんないきもの』(バジリコ)のほか、『取るに足らない事件』(バジリコ)、『カッコいいほとけ』(幻冬舎)、『うんこがへんないきもの』(KADOKAWA／アスキー・メディアワークス)、写真集『へんな生きもの へんな生きざま』(エクスナレッジ)、訳書『進化くん』(飛鳥新社)、『愛のへんないきもの』(ナツメ社)など多数。執筆のほか、近年は水族館の企画展示などにも参画。

イラストレーター　ひらのあすみ
イルカと泳ぐことが大好きなイラストレーター。高校時代から島へ一人旅をしたり、大自然との触れ合いからインスピレーションを受けて作品制作をする。『グリーンパワーブック 再生可能エネルギー入門』(ダイヤモンド社)、『クラゲすいぞくかん』、『外来生物ずかん』(以上、ほるぷ出版)、日本絵本賞を受賞した『ゆらゆらチンアナゴ』(ほるぷ出版)などのイラストを手がける。

 へんな生き物ずかん

2017年12月25日　第1刷発行
2019年 9月 3日　第2刷発行

監　修　今泉忠明
著　者　早川いくを
イラスト　ひらのあすみ
編　集　髙野丈(株式会社アマナ／ネイチャー&サイエンス)
発行者　中村宏平
発　行　株式会社ほるぷ出版
　　　　〒101-0051　東京都千代田区神田神保町3-2-6
　　　　電話 03-6261-6691　FAX 03-6261-6692
印　刷　共同印刷株式会社
製　本　株式会社ブックアート

ISBN978-4-593-58765-0／NDC460／128P／277×210mm
©Ikuo Hayakawa 2017
Printed in Japan

ブックデザイン　西田美千子

乱丁・落丁がありましたら、小社営業部宛にお送りください。
送料小社負担にてお取り替えいたします。